マルチエージェントシリーズ B-2

マルチエージェントによる
自律ソフトウェア設計・開発

大須賀昭彦
田原　康之
中川　博之
川村　隆浩

共著

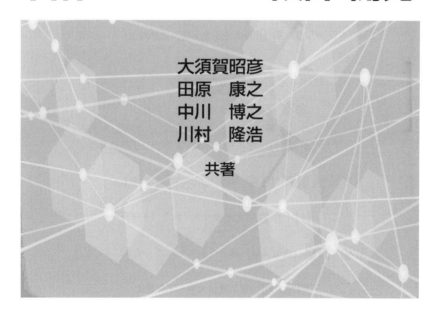

コロナ社

マルチエージェントシリーズ 編集委員会

編集委員長

寺野 隆雄（東京工業大学，工学博士）

編集委員

和泉 潔（東京大学，博士（学術））

伊藤 孝行（名古屋工業大学，博士（工学））

大須賀 昭彦（電気通信大学，工学博士）

川村 秀憲（北海道大学，博士（工学））

倉橋 節也（筑波大学，博士（システムズ・マネジメント））

栗原 聡（電気通信大学，工学博士）

平山 勝敏（神戸大学，博士（工学））

松原 繁夫（京都大学，博士（情報学））

（五十音順，2017 年 4 月現在）

刊行のことば

　21世紀に入り，人間の活動の世界規模での展開と情報通信をはじめとする技術の急速な発展普及に伴って，世界規模で人々の意識や行動の変化が，既存の社会や制度に追いつかない現象が頻発している。例えば，世界で頻発する文化的な摩擦やテロなどの事象，鳥インフルエンザなどの感染症の流行，SNSなどのネット上での人々のコミュニティ行動の理解，電子商取引の発展，金融市場の不安定性などはその例である。これらに共通する問題はつぎの3点である。（1）対象が本質的に変動し続ける性質を持ち，物理現象のような第一原理が存在しないこと，（2）対象となる現象を分析するという従来の自然科学的接近法に加えて，対象をデザインするという新しい工学的接近法が必要なこと，（3）当事者や関係者を含む複雑な意思決定という側面を持ち，対象問題を定式化することが非常に困難であること。

　このような複雑な現象の分析，設計においては，従来とは異なり，対象となるシステムが所与のものと仮定することはできない。システム全体を表す法則が，システムを構成する要素の相互作用から創発しうるからである。われわれはこのような社会的・システム的課題について「マルチエージェント」の概念を用いることで新しい方法論が構築できると信じている。マルチエージェントとは，エージェントと呼ぶ内部状態と意思決定・問題解決能力，ならびに通信機能を備えた複数の主体によるボトムアップなモデル化を試みる。そしてこのインタラクションに基づく創発的な現象やシナリオを分析しようとする。

　近年，マルチエージェントが注目されるようになった背景には，コンピュータそのものの急速な発展，オブジェクト指向などのソフトウェア開発手法の進歩，進化や学習を扱う人工知能技術の発展，分岐・相転移やカオス，自己組織化などを扱う非線形科学や複雑系科学の発展が挙げられる。そして，このよう

な理論や手法を適用するためには，コンピュータによるシミュレーションによる理解が必要になる。

　この古くて新しいシミュレーションの考え方は，対象をモデル化し数理的に扱う演繹的な方法，もしくは，データや事例分析を用いる機能的な方法を補完する第3の科学的方法であり，複雑な事象に対するわれわれの直観の能力を高める性質を持つ。マルチエージェントの考え方は，したがって，計算機科学をはじめとする理科系の学生にとっても，経済学，社会学などを学ぶ文科系の学生にとっても，研究の道具として，また，複雑な社会現象を知るための教養として，今後，必須のものになると考えられる。

　本シリーズのねらいは，このような複雑システムの分析，設計に伴う困難を克服する手段としてのマルチエージェント理論や技術について体系付けて学ぶ機会を提供することである。本シリーズでは，全体を通じて，新しい学際的な方法としてのマルチエージェントの考え方を紹介し，それに基づいたマップを示す。本シリーズの大きな特長は，各巻において，ほかの巻の内容との関連性を明示するとともに，Webサイトを積極的に利用して，スライドやプログラムソース，シミュレーション実行例などの副教材を豊富に提供することである。このような試みはわが国においても，世界的にもはじめてである。この新たな学際領域に，みなさんを招待したいと考える。

2017年5月

編集委員長　寺野　隆雄

まえがき

　近年のインターネットおよび Web の大規模かつ急速な発展は社会を大きく変えつつある。ハードウェア・ソフトウェア双方の技術の進歩により，さまざまなデバイスをネットに接続して通信させることが可能となり，いわゆるモノのインターネット（Internet of Things：IoT）と呼ばれる環境が急速に普及している。またビッグデータ処理技術，人工知能技術，およびクラウドコンピューティング技術などの急速な進展により，利便性の高いサービスを迅速に提供し，ユーザニーズの変化に応じて柔軟に対応することが求められるようになってきている。しかし Web 環境で稼働するソフトウェアの開発，運用においては，このような大規模かつ急速な変化に的確に対応することはますます困難になりつつある。

　本書は，このような課題の解決のために，マルチエージェント技術を活用したソフトウェア，特に Web 関連のソフトウェアに関する要素技術，開発手法，および応用について解説したものである。エージェントは従来のソフトウェアに比べ，さまざまな先進的な特徴により，近年の大規模複雑なシステムの実現におおいに貢献している。本書ではそれらの特徴のうち，特に「自律性」に着目している。本書においてエージェントの自律性とは，自ら達成を目指す目的を持ち，自ら環境とインタラクションを行うことにより目的を達成する能力のこととする。このような特徴により，急速に変化する環境下でも，可能な限り不具合を発生させたり停止したりすることなく，継続的に機能し続けることが可能となる。Web はまさにそのような変化の激しい環境であり，自律エージェントの活用がおおいに有望である。

　1 章では，現在のマルチエージェントシステム技術の理解を深めるうえで有用な，自律ソフトウェア開発手法の歴史的背景について解説する。2 章では，3 章以降で紹介する自律ソフトウェアのアプリケーションの設計に必要な要素技

術として，数理論理学，プランニング，ソフトウェア工学，機械学習，自然言語処理，および複雑ネットワークなどについて概説する。3章では，ソフトウェアへの要求を適切に抽出・定義・管理する手法として，マルチエージェントシステムなどの自律ソフトウェア構築にも適したアプローチであるゴール指向要求工学について概説する。4章では，自律ソフトウェアの一種として期待が高まっている，自己適応システム，すなわち環境の変化を検知し，必要に応じて自分自身を再構成することによって環境の変化に適応しようとするシステムを実現する技術について概説する。5章では，Webを発明したTim B. Lee氏によって1998年に新しく提唱されたセマンティックWeb上の情報に基づいてさまざまなサービスを行う，セマンティックWebエージェントについて概説する。6章では，Web上の急速に変化する膨大な情報を有効活用するために，自律ソフトウェア技術を応用したWebアプリケーションについていくつかの事例を紹介する。

本書は，つぎの4名で執筆した。

　　大須賀昭彦：1，6章
　　田原康之：2章
　　中川博之：3，4章
　　川村隆浩：5章

2章は3〜6章の内容を理解するために必要な基礎知識を概説しているので，3〜6章の前に読むのが適切と考えられるが，それ以外については比較的独立しているため，必要なところから読んでいけばよい。なお，本書に掲載されているスライドは，本書の書籍詳細ページ†でダウンロードが可能なので，ぜひ活用いただきたい。

本書は多くの方々のご協力のもとで刊行に至ったものと考えている。まず，本書執筆の機会を与えていただいた，マルチエージェントシリーズ編集委員会に深く感謝する。つぎに，日頃ご指導いただいている，東京大学大学院情報理工学系研究科／国立情報学研究所 本位田真一教授，早稲田大学理工学術院基幹

---

† http://www.coronasha.co.jp/np/isbn/9784339028188/

理工学部 深澤良彰教授，および大阪大学大学院情報科学研究科 土屋達弘教授に深く感謝する。また，日頃熱心にご議論いただいている，電気通信大学情報理工学研究科 清雄一助教に深く感謝する。そして，本書執筆に際して多大なご協力を頂いた，株式会社コロナ社に深く感謝する。最後に，日頃執筆者一同とともに研究成果を生み出してきた，電気通信大学 大須賀・田原・清研究室の学生および OB・OG に深く感謝の意を表する次第である。

2017 年 5 月

執筆者一同

目　　次

1章　歴史的背景

- 1.1　自律ソフトウェアとは …………………………………… *2*
- 1.2　エージェント技術による自律ソフトウェアの枠組みの登場 ……… *4*
- 1.3　エージェント指向開発方法論 ……………………………… *9*
- 1.4　FIPA　標　準 ……………………………………………… *11*
- 1.5　エージェント技術による自律ソフトウェアの進展 ……… *15*

2章　自律ソフトウェア設計のためのエージェント技術

- 2.1　数理論理学：推論技術の基礎 ……………………………… *23*
- 2.2　プランニング：自己適応システムの基礎 ………………… *26*
- 2.3　ソフトウェア工学：自律ソフトウェア設計の基礎 ……… *30*
- 2.4　自律 Web アプリケーションの要素技術 ………………… *37*

3章　ゴール指向要求工学

- 3.1　はじめに：要求工学の必要性 ……………………………… *64*
- 3.2　ゴール指向要求分析 ………………………………………… *65*
- 3.3　ゴールモデル ………………………………………………… *69*
  - 3.3.1　ゴールとは ………………………………………………… *69*
  - 3.3.2　ゴールモデル ……………………………………………… *71*
- 3.4　ゴールのタイプとカテゴリ ………………………………… *73*
  - 3.4.1　ゴールタイプ ……………………………………………… *73*
  - 3.4.2　ゴールカテゴリ …………………………………………… *75*

- 3.5 ゴールモデルの役割 …………………………………………… 78
- 3.6 形式的アプローチ ……………………………………………… 80
  - 3.6.1 ゴール洗練化の意味論 ………………………………… 80
  - 3.6.2 洗練パターン …………………………………………… 81
- 3.7 そのほかのゴール指向要求分析法 …………………………… 84
  - 3.7.1 i* …………………………………………………………… 85
  - 3.7.2 NFRフレームワーク …………………………………… 88
- 3.8 ゴール指向要求工学と自律ソフトウェアとの関係 ………… 91
  - 3.8.1 Gaia ……………………………………………………… 91
  - 3.8.2 Tropos …………………………………………………… 93
- 3.9 応用事例：ソフトウェア変更の局所化 ……………………… 95
  - 3.9.1 アプローチ ……………………………………………… 96
  - 3.9.2 ゴールモデルの整形 …………………………………… 96
- 3.10 まとめ ………………………………………………………… 100

4章 自己適応システム

- 4.1 はじめに：自己適応システムとは …………………………… 102
- 4.2 自己適応システムの定義 ……………………………………… 102
- 4.3 自己適応システムの位置付け ………………………………… 104
- 4.4 自己適応システムの分類 ……………………………………… 106
- 4.5 主要モデル ……………………………………………………… 108
  - 4.5.1 MAPEループ …………………………………………… 109
  - 4.5.2 3層アーキテクチャ …………………………………… 110
- 4.6 自己適応システムとエージェントとの関係 ………………… 113
  - 4.6.1 モデルの類似性 ………………………………………… 114
  - 4.6.2 センサとエフェクタ …………………………………… 115
  - 4.6.3 エージェント技術からのアプローチ ………………… 116
- 4.7 ソフトウェア工学分野からのアプローチ …………………… 117
  - 4.7.1 ソフトウェアアーキテクチャ領域からのアプローチ … 117

4.7.2	要求工学領域からのアプローチ	119
4.7.3	検証技術領域からのアプローチ	122

4.8　ケーススタディ：FUSION ………………………………… 124
　　4.8.1　モ　デ　ル ………………………………………………… 126
　　4.8.2　適応サイクルと学習サイクル …………………………… 128
　　4.8.3　実　装　環　境 …………………………………………… 131
4.9　ケーススタディ：Zanshin …………………………………… 131
　　4.9.1　開発プロセス ……………………………………………… 133
　　4.9.2　実　行　例 ………………………………………………… 134
4.10　ま　と　め ……………………………………………………… 137

5章　セマンティック Web エージェント

5.1　セマンティック Web とは …………………………………… 140
　　5.1.1　セマンティック Web の発展段階 ……………………… 141
　　5.1.2　メタデータ RDF ………………………………………… 142
　　5.1.3　オントロジー OWL ……………………………………… 156
　　5.1.4　検索言語 SPARQL ……………………………………… 157
　　5.1.5　Linked Data ……………………………………………… 158
　　5.1.6　LOD ……………………………………………………… 159
　　5.1.7　代表的な LOD …………………………………………… 161
5.2　セマンティック Web エージェントの事例 ………………… 164
　　5.2.1　質問応答システム ………………………………………… 165
　　5.2.2　個人スケジュール管理 …………………………………… 165
　　5.2.3　スマートシティ …………………………………………… 166
　　5.2.4　イベント情報の統合 ……………………………………… 168
　　5.2.5　メディア情報の統合 ……………………………………… 169
　　5.2.6　モバイルセンサ活用 ……………………………………… 170
　　5.2.7　モバイル検索システム …………………………………… 172
　　5.2.8　セマンティック Web サービス ………………………… 174

6章 自律Webアプリケーション

- 6.1 自律Webアプリケーションとは……………………………… *177*
- 6.2 情報抽出・予測 ……………………………………………… *178*
- 6.3 情 報 推 薦 ……………………………………………… *185*

引用・参考文献 …………………………………………………… *193*
索　　　　引 …………………………………………………… *206*

1章 歴史的背景

◆本章のテーマ

　マルチエージェントシステムは，近年のネットワーク上の大規模かつ複雑な分散システムやその上のサービス，およびシステムやサービスを利用する多数の人々の複雑な社会的振舞いに対し，設計や分析を効果的に可能とする手法として注目されている。しかしマルチエージェントシステム，あるいは一般にエージェントの概念と技術は，古くから多くの研究者が取り扱う研究分野として確立されており，現在隆盛を極めている本分野の諸技術につながっている。したがって，現在のマルチエージェントシステム技術の理解を深めるうえでも，歴史的背景を踏まえることはおおいに意義があるものと考えられる。本章では，そのような背景について解説する。

◆本章の構成（キーワード）

1.1　自律ソフトウェアとは
　　　エージェントの源流，エージェントの定義
1.2　エージェント技術による自律ソフトウェアの枠組みの登場
　　　BDI アーキテクチャ，言語行為論，KQML
1.3　エージェント指向開発方法論
　　　SWEBOK，Gaia，Tropos
1.4　FIPA 標準
　　　FIPA ACL，エージェント UML
1.5　エージェント技術による自律ソフトウェアの進展
　　　Telescript, Flage, Plangent, Bee-gent, JADE

◆本章を学ぶと以下の内容をマスターできます

- エージェントの定義
- エージェント指向開発
- FIPA 標準

1.1 自律ソフトウェアとは

本書において**自律ソフトウェア**とは，エージェントの自律性を特徴として活用しているソフトウェアであると定義する。自律性については，S. Franklin と A. Graesser によるつぎの定義[67]†が，エージェントの分野で広く認められている。

> 「自律エージェントとは，環境の内部，またはその一部として存在するシステムであり，継続的に環境を監視し，環境に対し働きかけることにより，自分自身の目的を追求し，未来において監視できる環境の状態に影響を与えようとするものである」

したがって簡潔には，「自分の目的達成のために，環境とインタラクションを行うシステム（あるいはソフトウェア）である」といえる（スライド 1.1）。

自律ソフトウェアとは？

- **自律性**：（ソフトウェア）エージェントの重要な特徴の1つ
    - [Franklin and Graesser '96]の定義
        - 環境とのインタラクション（環境への影響を含めて）
        - 自分自身の予定（agenda, 意図, 目的）を追求
    - つまり，自分の目的達成のために，環境とインタラクションを行うシステム（あるいはソフトウェア）

スライド 1.1　自律ソフトウェアとは

---

† 肩付数字は巻末の引用・参考文献を示す。

なお，エージェントの概念は情報技術関連の幅広い研究分野において多くの研究者により利用されている．そのため，エージェントの定義や説明は研究者により多様なものとなっている．例えばS. FranklinとA. Graesserは，前述の定義を提起するにあたり，10件もの定義を参考にしている[67]．ここでは，そのほかのエージェント概念の説明としてつぎの3点を取り上げる（スライド1.2）．「パーソナルコンピュータの父」と呼ばれるアラン・ケイ（A. Kay）[80]は，「エージェントは計算機の世界の中に住んで仕事を行う『ソフトロボット』であろう」と述べている．K. CrowstonとT.W. Malone[51]は，「（人間の協調プロセスにおける）各役割に対し，メッセージの集合の全体，または一部を自動的に処理することにより支援するエージェントを，われわれは想像できる」と記している．さらにP. Maes[91]は，「エージェントに対し『ユーザと同じ作業環境で協調するパーソナルアシスタント』というメタファを使用する」としている．

エージェントとは？

- 研究者により多様な定義・説明
- アラン・ケイ（[Kay '84]）：計算機の世界の中に住んで仕事を行う「ソフトロボット」
- [Crowston and Malone '88]：メッセージの集合の全体，または一部を自動的に処理することにより，人間の協調プロセスを支援
- [Maes '94]：ユーザと同じ作業環境で協調するパーソナルアシスタント

スライド1.2　エージェントとは

1.2 エージェント技術による自律ソフトウェアの枠組みの登場

エージェント技術を用いたさまざまな自律ソフトウェアが開発，提案されるにつれて，多くの問題点の認識や知見が蓄積された（**スライド 1.3**）。最大の問題点は，自律ソフトウェアの構造や振舞いが複雑となることである。その理由の1つとして，エージェントはオブジェクト指向と人工知能技術を活用しているため，その両者の複雑さが組み合わされているという点が挙げられる。またエージェントと環境とのインタラクションにおいて，環境が予期せぬ変化を起こすことを考慮しなければならないことが第2の理由である。このような問題を解決するための知見として，エージェントアーキテクチャ，エージェント間インタラクション，およびエージェントの各種の特性の研究が進められた。その結果，これらの研究成果はエージェント技術による自律ソフトウェアの枠組みとして体系化されるに至っている。

背景

- 多数の自律ソフトウェアの開発・提案
  →問題点の認識や知見の蓄積が進行

- 問題点：構造や振舞いが複雑
  - オブジェクト指向＋人工知能技術
  - 環境とのインタラクション→環境は予期せぬ変化を起こしうる

- 知見：多くの共通概念・理論・技術
  - エージェントアーキテクチャ：BDIなど
  - エージェント間インタラクション：言語行為論，KQMLなど
  - エージェントの特性：リアクティブ・プロアクティブ，知性，移動性，学習，協調，適応，創発など

→エージェント技術による自律ソフトウェアの枠組みとして体系化

スライド **1.3** エージェント技術による自律ソフトウェアの枠組みの登場—その背景—

このような枠組みの1つとして，まず**BDIアーキテクチャ**を取り上げる（ス
ライド**1.4**）。BDIアーキテクチャは，M. Bratman[43]が提唱したエージェン
トの意図に関する理論に基づき，P.R. Cohen, H.J. Levesque[50]，およびM.P.
Georgeffら[110]が，単一のエージェントのアーキテクチャへと発展させたもの
である。本アーキテクチャは，エージェントの状態を人間の心的状態になぞら
え，つぎの3つのものを主要な構成要素とする。

- 信念（Belief）：（各時点で）エージェントが信じている（環境や自分自身の）状態
- 欲求（Desire）：エージェントが達成したいと思っている状態
- 意図（Intention）：欲求を達成するために実際に実行する行動

そのうえで，エージェントは環境や自分自身を監視して，得られた情報に基づ
き信念を更新し，欲求を満たすための意図を推論して実行する。

実際のシステムでは，BDIアーキテクチャの構成は**スライド1.5**のようにな

BDI アーキテクチャ

- 個々のエージェントのアーキテクチャ
- M. Bratman, P.R. Cohen, H.J. Levesque, M.P. Georgeff らが提唱
- BDI：Belief, Desire, Intention（信念，欲求，意図）
  - Belief：（各時点で）エージェントが信じている（環境や自分自身の）状態
  - Desire：エージェントが達成したいと思っている状態
  - Intention：Desireを達成するために実際に実行する行動

スライド**1.4** 自律ソフトウェアの枠組みの例：BDIアーキテクチャ

6 　1. 歴史的背景

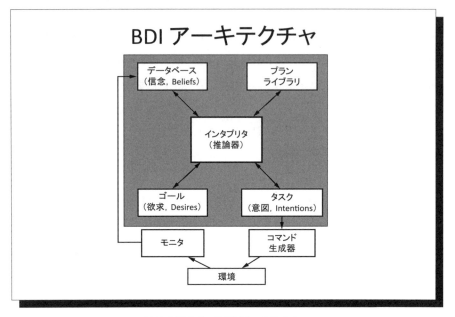

スライド 1.5　BDI アーキテクチャ

る。すなわち，信念は実世界の状態に関するデータベース，欲求はエージェントが達成すべきゴール，意図はゴールを達成するために実行するタスクとして表現する。またエージェントは継続的に環境を監視し，信念データベースを更新する。そのうえでエージェントは，初期状態からはじめて，つぎの手順を反復実行するインタプリタを持つ[111]。

1. 更新された信念に基づき，実行可能な選択肢を列挙する。
2. 欲求に基づき，実行可能な選択肢から，推論により実行すべき選択肢を特定する。
3. 実行すべき選択肢に基づき意図を更新する。
4. 意図のタスクを実行する。
5. 欲求と意図の中から，達成，および実行に成功したものを削除する。
6. 欲求と意図の中から，達成，および実行不可能なものを削除する。

BDI アーキテクチャが単一のエージェントを対象としているのに対し，マル

チエージェントの枠組みに不可欠なのがエージェント間インタラクションである。歴史的源流においても，分散人工知能における黒板モデルや契約ネットプロトコルといった，さまざまなインタラクション方式が提案された。その後エージェントの概念が確立していくと，インタラクションについては理論的基礎として**言語行為論**が広く利用されるようになった（**スライド 1.6**）。言語行為論は，言葉の意味に含まれる，話者から聞き手に対して意図される行為（言語行為と呼ばれる）に関する理論である。本理論は，哲学の分野で J.L. Austin[114]，J.R. Searle ら[115]）が提唱し，古くからエージェント間インタラクションに適用されてきた（P.R. Cohen と H.J. Levesque[49] など）。言語行為はパフォーマティブ（performative）と呼ばれる種類に分けられる。パフォーマティブ（の大分類）の例として問合せ，応答，および情報伝達がある。

言語行為論の応用として T. Finin らは，エージェント間で交換するメッセージの記述言語である **KQML**（Knowledge Query Manipulation Language）を

エージェント間インタラクション

- **理論的アプローチ：言語行為論（Speech Act Theory）**
  - 哲学の分野で，J.L. Austin，J.R. Searle らが提唱
  - 古くからエージェント間インタラクションに適用
    （[Cohen and Levesque '85]など）
  - 言葉の意味に含まれる，話者から聞き手に対して意図される行為に関する理論
  - 言語行為はパフォーマティブ（performative）と呼ばれる種類に分けられる
    - パフォーマティブ（の大分類）の例：問合せ，応答，情報伝達

スライド **1.6**　エージェント間インタラクション—言語行為論—

提案した[64]）（スライド **1.7**）。本言語では，メッセージの先頭にパフォーマティブを明示し，その後にパフォーマティブごとに定められたキーワードと引数の組を並べることによりメッセージを構成する。KQML のパフォーマティブには，問合せ，返答，通知などがある。また KQML の重要な特徴として，エージェント間の円滑な情報交換を促進するファシリテータエージェント（Facilitator Agent：FA）を実現するパフォーマティブを規定している点がある。例えば FA に問合せメッセージを subscribe パフォーマティブとともに送り，別のエージェントが FA にその問合せへの回答を送ると，FA はもとのエージェントにその回答を知らせる。

　KQML メッセージの記述例をスライド **1.8** に示す。KQML メッセージは LISP 言語のリストやプログラムと同様に，丸括弧 () で囲まれ，空白で区切られた記号または（入れ子の）リストの並びで表す。メッセージの先頭はパフォーマティブであり，本記述例では回答を 1 回だけ要求する問合せパフォー

エージェント間インタラクション

- **言語行為論の適用例**：KQML
  - Knowledge Query Manipulation Language
  - エージェント間で交換するメッセージの記述言語
  - T. Finin らが提唱
  - 構文：(パフォーマティブ[:キーワード式]*)
    - キーワードと式の対のリストは引数
  - ファシリテータエージェントのためのパフォーマティブ

スライド **1.7**　エージェント間インタラクション—KQML—

スライド 1.8　KQML 記述例

マティブ ask-one である。その後はコロン：からはじまるキーワードと引数が交互に並ぶ。:content キーワードの後にはメッセージの内容本体を表す引数を記述する。ここでの引数の例は入れ子のリストで，問合せの内容を表す。さらにその最後の要素である?price のように，クエスチョンマーク?ではじまる記号は変数である。したがって本記述例は，IBM 社の株価を株価サーバ（stock-server）に1回だけ要求する問合せが，NYSE-TICKS†オントロジーと LPROLOG 言語を用いて記述されていることを表す。

1.3　エージェント指向開発方法論

　これまで述べてきたようにエージェントによる自律ソフトウェアの要素技術が数多く提案されると，実際に自律ソフトウェアを開発するにあたり，どのような状況でどの自律ソフトウェア技術を用いればよいかがわかりにくくなった。

---

† ニューヨーク株式市場の株価

さらに実システムの開発に利用するとなると，要求定義から設計，実装，テスト，デバッグを経て保守，運用に至るまで，開発プロセスを通じて自律性をどのように実現するかが課題とされた。そのため，開発プロセス全体にわたって，エージェントの自律性に関する各種要素技術を活用してソフトウェアを開発するための，一貫した技術体系が望まれるようになった。一般のソフトウェア開発技術に関するこのような体系は**ソフトウェア開発方法論**（以下単に「開発方法論」と記す）と呼ばれ，自律ソフトウェアのためのものとして**エージェント指向開発方法論**が数多く提案された（スライド1.9）。O.Z. Akbari[33]によると，1993年から2009年までの間に75点もの開発方法論が提案されている。

開発方法論は，一般に2.3節で紹介するソフトウェア工学の分野で扱われる。代表的な開発方法論としては構造化手法，および前述のオブジェクト指向プログラミングから発展した**オブジェクト指向開発方法論**がある。開発方法論で規定される技術体系は，おもにスライド1.10に示したものから構成される。な

背景

- 1990年代中頃までに，多数のエージェントシステムが登場
- しかし，大規模なものは少数
- 一方，大規模な(非エージェント)システムの開発においては，開発方法論の必要性が広く知られていた
- 開発方法論：開発手法・技術の知識やプラクティスを体系化したもの
  – 例：構造化手法，オブジェクト指向
  →エージェント指向開発方法論が登場

スライド1.9　エージェント指向開発方法論の背景

ソフトウェア開発方法論の概要

- ソフトウェア開発工程に対応した部分
  - 5工程：要求，設計，実装，テスト・デバッグ，運用・保守
  - 要求と設計を合わせて上流工程と呼ぶ
    - 上流工程に焦点を当てた方法論が多数
- 開発工程全体にわたる部分
  - 開発管理：開発体制や進捗状況などの管理
    - SWEBOK では構成管理を別項目としている
  - プロセス：開発手順の構成と評価
  - モデルと手法
  - 品質

スライド 1.10　ソフトウェア開発方法論の概要

おスライド 1.10 の項目は，ソフトウェア工学の知識体系を IEEE[†] Computer Society がまとめた SWEBOK（Software Engineering Body of Knowledge）Guide[41]）に基づいている。なお，エージェント指向のものも含め，多くの開発方法論は，要求工程と設計工程のいわゆる上流工程において，どのようなモデルをどのような手順で作成するかに焦点を当てている。本書ではそのような開発方法論である **Gaia** と **Tropos** について，3.8 節で紹介する。

1.4　FIPA 標準

先述のように要素技術や開発方法論が多数提案されると，それらを実際のシステム開発に適用するにあたり，産業界から標準化への要求が高まった。1995年には日米欧各国から，NTT や BT グループ（旧 British Telecom）などの大

[†] the Institute of Electrical and Electronics Engineers の略。世界最大の電子電気工学分野の技術者と研究者の団体。

手通信事業者，IBM 社などの大手 IT 企業，および大学と研究機関の参加により，非営利コンソーシアムとして **FIPA**（Foundation for Intelligent Physical Agents）†が設立された[105]。FIPA はエージェント技術に関する多数の標準を策定したが，本書ではその中から**エージェント管理仕様**[66]，**エージェント間通信言語 FIPA ACL**[65]，および **Agent UML**[37] の 3 点を紹介する。

エージェント管理仕様は，エージェントの相互運用性を目的としたものである[66]。本仕様は，システム構成の参照モデル，各種管理サービス，エージェント管理の諸概念（オントロジー），およびエージェントライフサイクルモデルなどから構成される。

スライド 1.11 は参照モデルである。本モデルは，エージェントが利用する（非エージェント）ソフトウェア，エージェント，エージェント管理システム（Agent Management System：AMS），ほかのエージェントの参照情報を管理

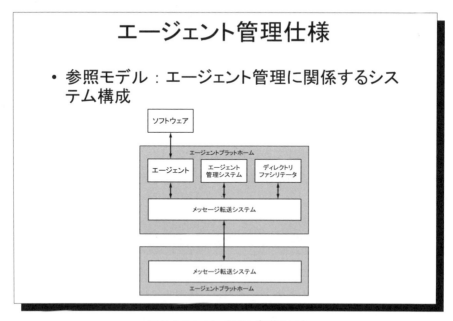

スライド 1.11　FIPA 参照モデル

---

†　http://www.fipa.org/（2016 年 12 月現在）

するディレクトリファシリテータ（Directory Facilitator：DF），およびメッセージ転送システム（Message Transport System：MTS）から構成される。なお，非エージェントソフトウェア以外の構成要素を合わせてエージェントプラットホーム（Agent Platform：AP）と呼ぶ。さらにその中で，エージェント以外の構成要素は，それぞれつぎのような管理サービスを提供する。

- エージェント管理システム：エージェントのライフサイクルと移動の管理など
- ディレクトリファシリテータ：エージェントの登録・登録解除，登録情報の変更・検索
- メッセージ転送システム：メッセージ転送

そして，エージェント管理仕様では最後にエージェント管理オントロジーを規定している。

スライド **1.12** はエージェントライフサイクルモデルである。エージェント

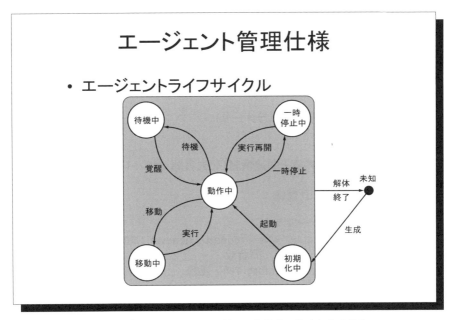

スライド **1.12** FIPA エージェントライフサイクルモデル

は生成されると新規生成状態になり，その後活動状態，待機状態，中断状態，および移動中の状態の間を遷移し，破壊されるか，または動作が停止するまで生存することになる．

エージェント間通信言語 FIPA ACL（Agent Communication Language）は，エージェント間で交換するメッセージを記述するための言語である（スライド 1.13）．本言語は KQML と同様に言語行為論を理論的基礎とする．おもな構成要素（パラメータ）は，通信行為（communicative act）のタイプ（パフォーマティブに相当），送受信者，メッセージ内容と関連情報（記述言語，オントロジーなど），別途規定された通信手順を表すプロトコル，およびメッセージ ID 情報である．おもな通信行為のタイプとして，動作の依頼を表す request や request-when などのほか，問合せを表す query-if と query-ref，通知を表す inform, inform-if, inform-ref がある．

Agent UML（AUML）は，後述するオブジェクト指向ソフトウェア開発の

エージェント間通信言語 FIPA ACL

- 言語行為論に基づくメッセージ記述言語
- おもな構成要素（パラメータ）
  - パフォーマティブ
  - 送受信者
  - メッセージ内容と関連情報（記述言語，オントロジーなど）
  - プロトコル
  - メッセージ ID 情報
- おもなパフォーマティブ
  - request, request-when, request-whenever：動作の依頼
  - query-if, query-ref：問合せ
  - inform, inform-if, inform-ref：通知

スライド 1.13　エージェント間通信言語 FIPA ACL

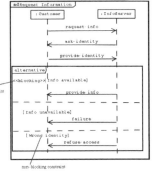

スライド 1.14　Agent UML[75]

ためのモデリング言語 UML（Unified Modeling Language）のエージェント向けの拡張である（スライド 1.14）。そのおもな特徴として，エージェント間メッセージ交換の時系列順を示すシーケンス図に対し，メッセージの種類や制約の記述などの拡張を施した点が挙げられる．

1.5　エージェント技術による自律ソフトウェアの進展

このようなエージェントによる自律ソフトウェアに関する個別の技術開発と標準化の動きが進行するにつれて，実システムへの適用も増加するようになった．そのため，実システムの開発を支援するソフトウェアとして，プログラミング言語，フレームワーク，および開発支援ツールも多数提供された．本書ではその中からいくつかのものを紹介する．

〔1〕**Telescript**　Telescript（スライド 1.15）はモバイルエージェント

16　　1. 歴 史 的 背 景

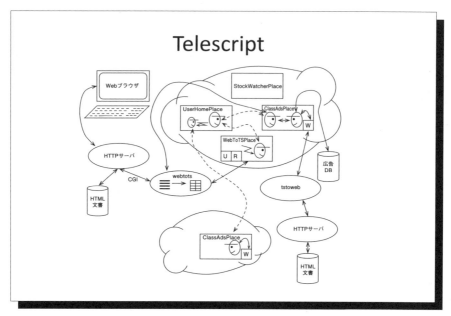

スライド 1.15　Telescript[58]

のためのプログラミング言語である．モバイルエージェントとは，ネットワークにおける移動性を持つエージェントである．すなわちモバイルエージェントは，ネットワーク上のノード間を移動し，移動先の各ノード上で作業を実行する．Telescript は，1990 年にアップルコンピュータ社が設立したジェネラルマジック社が開発した，モバイルエージェントシステムとしては最初期のものである．特徴としては，エージェントが**場所**（place）を出入りすることにより，ネットワーク上の移動を表現する点が挙げられる．

〔2〕**Flage**　Flage は環境変化に対し動的に適応するエージェントのためのプログラミング言語である．Flage は個別の環境を表す**場**（field）の概念が特徴である．Flage のプログラムは，環境の情報，およびその環境に適応するためのエージェントの振舞いを，場の記述として含む．するとエージェントは場から場へと移動し，新たな場に入ると場が提供する適応のための振舞いを動的に獲得する（**スライド 1.16**）．振舞いの動的な獲得は，エージェントのメ

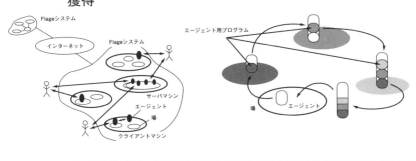

スライド 1.16　Flage[84]

タ階層構造により実現している点も特徴の1つである．またネットワーク上のノードも場として表すことができるので，モバイルエージェントも実現可能である．

Flageのアプリケーションとして，グループウェア，ネットワーク上の分散データのブラウザ，ワークフロー管理，およびウェアラブルコンピューティングがある[141]．

〔3〕 **Plangent**　Plangent[106]はモバイルエージェントプラットホームの1つだが，知的な振舞いを実現している点が特徴である．具体的には，つぎのような振舞いによりユーザの要求を実現する（スライド **1.17**）．

1. プランニングによって自分の行動計画（プラン）を立てる．
2. その行動計画に基づいて，必要な情報やサービスのある場所まで移動する．
3. 移動先の情報やサービスを活用して計画を実行する．
4. 予期せぬ事態によって計画の実行が失敗した場合，再プランニングによっ

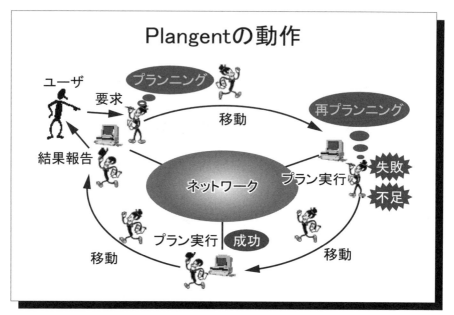

スライド 1.17　Plangent エージェントの振舞い[149]

て，状況に合った行動計画を作り直す．

5. 以上を繰り返し，最後にユーザのところへ戻って結果を報告する．

　Plangent のアプリケーションとして，旅行計画支援，会議日程調整，ワークフロー，およびドライバー情報支援がある[141]．さらに μPlangent[135] は，Plangent を組込み機器でも動作可能なように改良したものである．

〔4〕 **Bee-gent**　Bee-gent[152] はマルチエージェントフレームワークであるが，一般に非エージェントの複数のソフトウェアに対し，それらの間の連携や調整を容易に実現することを目的としている．このために，システムをつぎの2種類のエージェントから構成する（スライド1.18）．

- エージェントラッパー：上記ソフトウェアにエージェントとしての協調を可能にするインタフェースを付与するコンポーネントである．したがって，正確にはエージェントラッパーにソフトウェアを組み込んだものがエージェントとなる．なおエージェント間協調は，FIPA ACL で書かれ

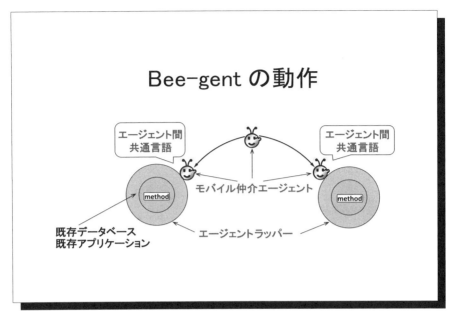

スライド **1.18** Bee-gent の動作

たメッセージ交換に基づいて実現される。
- モバイル仲介エージェント：エージェントラッパーと相互作用し，ネットワーク上を移動することにより，エージェントラッパー間の連携，調整を実現するものである。

Bee-gent のアプリケーションとして，インターネット上からユーザが知りたい情報を自律的に収集し，モバイル端末や PC などからそれらの情報を閲覧することを可能にする Mobeet[140] がある。

〔5〕**JADE**　JADE（Java Agent DEvelopment framework）[†][38),39)] は FIPA 準拠のエージェントシステム構築用 Java フレームワークである（**スライド 1.19**）。JADE は LGPL ライセンスのオープンソースソフトウェアとして公開されている。JADE の特徴は，簡明かつ強力なタスク実行・合成モデルとエージェント間メッセージ通信，および Android や J2ME-CLDC MIDP 1.0

---

† http://jade.tilab.com/（2016 年 12 月現在）

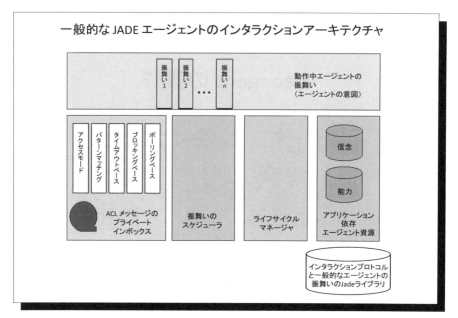

スライド **1.19**　JADE エージェントアーキテクチャ[†]

といった携帯端末環境のサポートである。

　以上のように，自律ソフトウェア実現のためのエージェント技術がしだいに確立していった。なおこれらの技術の多くのものについては，本位田らによる書籍[141]に詳述されている。その後コンピュータシステムのネットワーク化が進展すると，そのうえでのソフトウェア開発において，エージェントによる自律ソフトウェアの利用が有効であることが広く認識されるようになった。その結果，これまでに多数の新規な要素技術やアプリケーションが輩出されてきている。その概要はつぎの通りである。

　ネットワーク環境においては，システムの大規模・複雑化，および要求や環境の急速な変化による開発・運用コストの増大が問題となっている。そこでシステムへの要求や環境の性質を体系的に把握し分析する**ゴール指向要求工学**，およびその応用として要求や環境変化に対し，システムが自身の構成や振舞い

[†]　http://jade.tilab.com/technical-description/（2016 年 12 月現在）

を稼働時に自動的に変更することにより対応する**自己適応**技術が注目されつつある。

　Webは本来人間が容易に閲覧したりリンクをたどったりすることを可能とするように設計されている。したがって自律ソフトウェアといえどもWebを効果的に活用するにあたっては少なからず困難が生じる。特に人間が容易に理解可能なWebコンテンツの意味をソフトウェアが把握することは，最新技術を用いても容易ではない。**セマンティックWeb**は，ソフトウェアが容易に利用可能な形で，Webコンテンツにその意味記述を付与する技術の体系である。

　またWeb上では上述のようなさまざまな情報や，ネットショッピングや動画配信などさまざまなサービスが提供されるようになってきている。そこで提供される情報，サービス，商品の種類はやはり膨大であるため，ユーザが効果的に利用することが困難になっている。そこでそれらの中からユーザにとって有益な情報を抽出したり，ユーザの指向に合うサービスや商品を推薦したりするアプリケーションにおいて，自律ソフトウェア技術が利用されている。そのようなアプリケーションを**自律Webアプリケーション**と呼ぶ。3章以降ではこれらのアプリケーションとその要素技術を紹介する。

2章 自律ソフトウェア設計のためのエージェント技術

◆本章のテーマ

　自律ソフトウェアは従来型のソフトウェアに比べて大幅に複雑な振舞いを行う。したがって適切な設計・実装を行うためには，エージェントの高度な要素技術を活用する必要がある。本章では，3章以降で紹介する自律ソフトウェアのアプリケーションの設計に必要な要素技術について概説する。

◆本章の構成（キーワード）

2.1　数理論理学
　　　命題論理，一階述語論理，記述論理：データ指向エージェントの基礎，時相論理：ゴール指向要求工学とモデル検査の基礎，形式検証のための推論技術
2.2　プランニング
　　　問題定義，線形プランニング，非線形プランニング，リアクティブプランニング
2.3　ソフトウェア工学
　　　ソフトウェア工学概要，要求工学，ソフトウェアアーキテクチャ，アスペクト指向，形式手法
2.4　自律Webアプリケーションの要素技術
　　　確率・統計，線形代数，機械学習，最適化，協調フィルタリング，内容ベースフィルタリング，自然言語処理，複雑ネットワーク

◆本章を学ぶと以下の内容をマスターできます

- 推論技術の基礎
- 自己適応システムの基礎
- 自律ソフトウェア設計の基礎
- 自律Webアプリケーションの基礎

2.1 数理論理学：推論技術の基礎

エージェントが知的な振舞いを行うにあたり，知識を用いて正しい推論を行うことは重要である．そのための理論的基礎の1つとして，記号を用いて正しい論理的推論を数学的に定式化した理論体系である**数理論理学**（記号論理学とも呼ばれる）を取り上げる（スライド 2.1，スライド 2.2）．まず真偽が明確に定まる主張である**命題**，および命題を変数記号によりパラメータ化した**論理式**が基本的な構成要素となる．そして前提を表す命題の集合から，その前提のもとで正しい命題を導出するための**推論規則**が与えられる．一方で命題の真偽をその意味の観点から数学的な対象として定義する**意味論**も必要である．

エージェント技術の基礎として必要な数理論理学の体系として，命題論理，一階述語論理，記述論理，および時相論理の4つが挙げられる．命題論理は，複数の命題に分けられない**原子命題**を構成単位とし，否定（「〜でない」，¬）や選

数理論理学の概要

- 記号を用いて論理的推論の正しさを数学的に定式化した理論体系
  - 記号論理学ともいう

- 構成要素
  - 命題や論理式の構文規則
    - 命題：正しいか否か（真偽）が明確に定まる主張
    - 論理式：変数を含んでいる可能性のある命題
  - 公理系：真であるとあらかじめ定義された論理式の集合
  - 推論規則：真な論理式から新たに真な論理式を導出する規則

スライド 2.1　数理論理学の概要 (1)

数理論理学の概要

- **構成要素（続き）**
  - **演繹**：複数の推論規則の適用により，論理式の集合から論理式を導出する手続き
    - 論理式の集合を前提，導出される論理式を結論と呼ぶ
  - **証明**：公理系からの演繹
  - **定理**：証明の結論となる命題
  - **意味論**：論理式の構成要素を意味領域と呼ばれる数学的対象にマッピングする写像
    - 特に命題は真理値（真と偽を表す値）にマッピングされる

スライド **2.2** 数理論理学の概要（2）

言（「〜または〜」，∨）などの**命題論理演算子**により構成した命題（複合命題と呼ぶ）を扱う体系である。**一階述語論理**は，変数をパラメータとし，その値が決まれば命題となる記述（論理式）を扱う論理体系である。**記述論理**は，セマンティック Web エージェントの基礎となる論理体系であり，自動推論が可能である点が大きな特徴である。**時相論理**（temporal logic）は一階述語論理の拡張であり，時間によって真偽が変化する命題を扱う。なお，数理論理学の詳細については文献36)，文献136) を参照されたい。

また，後述のソフトウェア工学における形式検証においては，論理体系の機械的な推論手法が必要である。そこでそのような手法として，**定理証明とモデル検査**があり，それぞれつぎのような特徴がある（スライド **2.3**）。

- **定理証明**：与えられた命題に対し証明の作成を試みて，成功すれば真，すなわち定理であるとの出力を得る手法である。なお前述の体系のうち，命題論理と記述論理以外は一般に決定不能であり，真偽いずれの結果も

推論技術

- 定理証明

- モデル検査

スライド 2.3 推論技術

得られないことがある。そこで，論理体系や命題に制約を付けることにより，証明作成を自動的に実行する**自動定理証明**技術と，証明作成を自動的に進められるところまで実行し，その後の実行に必要な情報をユーザが入力する**定理証明支援**技術が，定理証明の分野では研究されている。

- **モデル検査**：時相論理の命題と **Kripke 構造**と呼ばれる時間的変化のモデルに対し，後者が前者を満たすかどうかを「自動的に」判定する手法である。モデル検査手法は**明示的モデル検査**と**記号的モデル検査**の 2 種類に分けられる。前者では実行系列を網羅的に算出し，各系列で命題が成り立つかどうかを調べる。後者では命題と Kripke 構造を別のデータ構造に変換し，その構造特有のアルゴリズムにより，実行系列全体の集合が命題を成り立たせるかどうかを判定する。効率化のために別の記号的表現に変換するため，「記号的」と呼ばれる。

2.2 プランニング：自己適応システムの基礎

本節では，4章で取り上げる自己適応システムの要素技術として，システムの動作環境などの変化に対応するための振舞い（**プラン**と呼ぶ）を自動生成するプランニング手法を解説する。まず**スライド 2.4** により直感的な説明を行う。スライドの左上では，サルが部屋の天井からぶら下げられたバナナをとろうとしている。しかしバナナは手を伸ばしてもとれないものとする。一方部屋には箱が置いてある。そこで矢印の順番のように，サルは箱をバナナの下まで押し，その後箱の上に登ればバナナをとることができる。このように，初期状態（スライドの左上）からはじめて，目標状態（ゴール，サルがバナナをとった状態）を達成するような振舞い（プラン）を自動生成するのがプランニングである。

プランニングの各概念はつぎのように記述する。

- 初期状態とゴールなどの状態は，一階述語論理のリテラルの連言（「〜そ

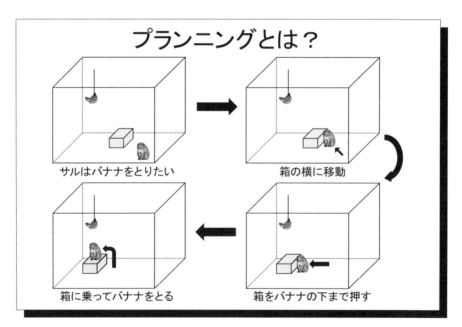

スライド 2.4　プランニング

して〜」，∧）で表す．ここでのリテラルとは，述語記号に定数記号を引数として与えた論理式である．

例）at(monkey, a), have(monkey, banana)：それぞれ「サルが場所 a にいる」「サルがバナナを持っている」状態を表す．

- プランは行為の列で表し，各行為はつぎの 3 つの要素から構成される．

  ① 名前を表す関数記号に，変数記号を引数として与えた項
  例）move(x, p), push(x, y, p)：それぞれ「x が場所 p に移動する」「x が物体 y を場所 p まで押す」行為を表す．

  ② **事前条件**：行為を実行可能な状態を表す，リテラルの連言
  例）push(x, y, p) の事前条件は at(x, p_1) ∧ at(y, p_2) ∧ adjacent(p_1, p_2)．ただし最後のリテラルは「p_1 は p_2 の隣の場所である」ことを表す．

  ③ **効果**：新たに成り立つリテラルの追加と，成り立っていたリテラルの削除から構成される，行為の実行による状態変化
  例）push(x, y, p) の効果は，at(x, p_3) と at(y, p) の追加（ただし，adjacent(p_3, p) の成立が必要）および，at(x, p_1) と at(y, p_2) の削除である．

本節では，つぎの 3 種類のプランニングについて説明する．**線形プランニング**，**非線形プランニング**，および**リアクティブプランニング**である．線形プランニングとは，プランを最初から行為の全順序列として生成する．そしてプランを生成するための推論方法によってつぎの 2 種類に分けられる（**スライド 2.5**）．

- **前向き推論**：初期状態からはじめて，各状態で実行可能な行為を順次選択し，行為の実行結果を反映して，ゴールを達成するまで続ける．
- **後向き推論**：ゴールからはじめて，各状態についてその状態を達成するような行為を順次選択し，行為実行前の状態を求め，初期状態に達するまで続ける．

なおこれらの手法は，それぞれ初期状態からゴールに至る，およびその逆方向を実現する行為列を求めるという，**探索問題**を解くものである．したがって，幅

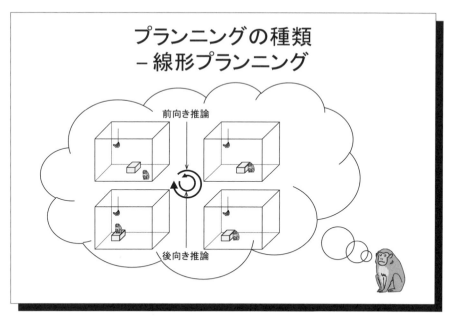

スライド 2.5　線形プランニング

優先や深さ優先といった探索方針や，**A* アルゴリズム**のようなヒューリステクスが利用できる．線形プランニングの代表的なアルゴリズムとして，**STRIPS** (STanford Research Institute Problem Solver)[62] がある．

スライド **2.6** のように机上の積み木を移動して配置を変更するプランニングを考える．この場合，積み木 B と積み木 A はこの順序で移動する必要があるが，積み木 C の移動はどこで行ってもよい．非線形プランニングは，このように行為間の実行順序の制約を考慮して，可能なプランを複数同時に生成可能な手法である．非線形プランニングの代表的なアルゴリズムとして **POP**（Partial-Order Planning）がある．POP は，実行順序の制約との整合性を確認しながら，効果と事前条件に関し因果関係のある行為の組（**因果リンク**と呼ぶ）を生成していき，最終的に因果リンクの集合として表現されたプランを出力する．なお POP では，技術的な理由により，それぞれプラン実行開始・終了を表す行為 Start と Finish を用意する．例えばスライド 2.6 に対するプランは，つぎのような因果リ

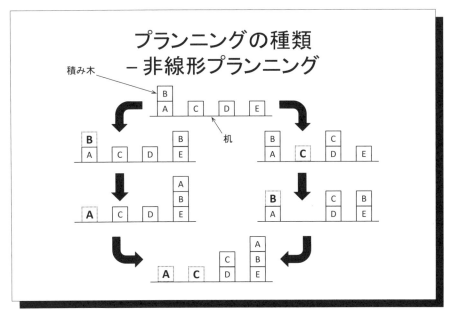

スライド 2.6　非線形プランニング

ンクの集合となる（{(Start, B), (Start, C), (B, A), (A, Finish), (C, Finish)}，ただし各積み木の名前 $x =$ A, $\cdots$, E は「積み木 x の移動」の行為を表す）。

以上のもののほかに，さまざまなプランニング手法が提案されている。そのうちの一部をつぎに示す。

- **階層プランニング**：現実的なプランニング問題においては，行為やリテラルの個数が膨大になる可能性がある。その場合，STRIPS や POP では計算コストが爆発的に増大し，現実的なプランニングが困難となる。そこで複数の行為やリテラルを 1 つにまとめる**抽象化**を行い，抽象化を繰り返して問題の構造を**階層化**することにより計算コストの低減を図る階層プランニング手法が提案されている。代表的なアルゴリズムとして，STRIPS を階層化した **ABSTRIPS**[112] と**階層型タスクネットワーク**（Hierarchical Task Network：**HTN**）[60] がある。
- **リアクティブプランニング**：これまでに取り上げたプランニング手法は，す

べて行為の実行前に完全なプランを生成するものであった。しかし実世界の状況では，通常はプランの実行中に外的要因により状態が変化し，またあらかじめ行為の事前条件と効果が明確に判明していることはほとんどない。そこで，ある程度プランを生成すると，いったんそのプランを実行し，その時点での状態を把握して再度プランを生成する，という振舞いを繰り返すことが有効であると考えられている。極端な場合は，各行為を事前条件が成り立てば即実行するという**条件行動ルール**として扱う**リアクティブプランニング**となる。逆にこれまでのプランニングを**熟考型**と呼び，一般の場合を**ハイブリッド型**と呼ぶ。

2.3 ソフトウェア工学：自律ソフトウェア設計の基礎

自律ソフトウェアに限らず，一般にソフトウェア開発の難しさに対処する技術体系として，**ソフトウェア工学**（software engineering，スライド **2.7**）が確立している。そこで本節では，特に自律ソフトウェアの開発に有益なソフトウェア工学の手法を解説する。

ソフトウェア工学は，IEEE 標準[3]においてつぎのように定義されている。

「ソフトウェアの開発，運用，および保守に対する，体系的で洗練され，かつ定量化可能な手法の応用，すなわち工学のソフトウェアへの応用（およびそれらの手法の研究）」

この定義から想像されるように，ソフトウェア工学の知識体系は広範囲に及ぶ。その体系を IEEE が SWEBOK（ソフトウェア工学知識体系）[41]として取りまとめた。

SWEBOK はスライド **2.8** に示すように，3 種類に分けられる 15 の知識分野から構成される。まず 1 種類目はソフトウェア開発の工程別に分けられた知識分野である。詳しくはつぎの 5 工程を順番に実施することを想定している。

1. **要求工程**：ソフトウェアへの要求を要求仕様書として文書化し，その後の要求の変更を管理する。

ソフトウェア工学（Software Engineering）とは？

- IEEE 標準（IEEE 610.12-1990）による定義
  - ソフトウェアの開発，運用，および保守に対する，体系的で洗練され，かつ定量化可能な手法（すなわち工学）の応用
- ソフトウェア工学の詳細 – SWEBOK
  - Software Engineering Body of Knowledge（ソフトウェア工学知識体系）
  - IEEE により策定

スライド 2.7　ソフトウェア工学

ソフトウェア工学知識体系 SWEBOK

- 15の知識分野から構成
  - 3つに分類：工程別の知識，工程全体にわたる知識，そのほか
- 工程別

- 工程全体：構成管理，開発管理，プロセス，モデルと手法，品質
- そのほか：実務，経済学，計算技術基礎，数学的基礎，工学的基礎

スライド 2.8　ソフトウェア工学知識体系 SWEBOK

2. **設計工程**：要求仕様書を満たすようなソフトウェアの設計仕様書，すなわちソフトウェアの構成と振舞いを明確化した文書を作成する．
3. **実装工程**：設計仕様書に示された構成と振舞いを実現するように，プログラムの作成と必要な設定を行う．
4. **テスト・デバッグ**：ソフトウェアが要求通りに動作するかどうかを確認し（テスト），そうでない場合は修正を行う（デバッグ）．
5. **運用・保守**：ソフトウェアを対象機器上で稼働させ，必要に応じて修正を行う．

SWEBOK が示すように，ソフトウェア工学の知識は膨大な量にのぼり，実際の開発において適切に取捨選択して適用するのはこのままでは困難である．そこで 1.3 節で説明したソフトウェア開発方法論としてさまざまなものが提案され，実際の開発に利用されている．オブジェクト指向開発方法論はその中でも最も普及したものの1つであり，エージェント指向開発方法論の源流の1つにもなっている．

〔1〕 **オブジェクト指向開発方法論**　オブジェクト指向プログラミングから発展したものであり，おもな特徴としてつぎのようなものがある．

- 実世界の物理的実体や抽象概念，およびソフトウェアで扱うデータなどを**オブジェクト**として統一的に扱い，オブジェクト間の相互作用によりソフトウェアの振舞いを表す．
- 多くの場合，同一種類のオブジェクトの集合である**クラス**を扱う．またクラス間の階層関係を表す**継承**により，ソフトウェアの部品化再利用を容易にする．
- 要求仕様書や設計仕様書などでソフトウェアのモデルを記述するための業界標準記述言語である **UML** が普及している．UML は 1.4 節で説明した Agent UML のもととなる言語である．

オブジェクト指向開発方法論では，上流工程をつぎのように進める．要求工程では，ソフトウェアの機能への要求（**機能（的）要求**）を**ユースケース**と呼ばれる概念で表すことが多い．ユースケースとは，1つの単位として見ることが

できるような，外部から見たシステムの振舞いである．各ユースケースにおいてシステムが相互作用を行う外部の実体は**アクタ**と呼ばれ，ユースケースやアクタの関係を，スライド **2.9** 左上のような UML の**ユースケース図**で表す．また設計工程は，**アーキテクチャ設計**と**詳細設計**の 2 フェーズに分けることが多い．（ソフトウェア）アーキテクチャとは，要求の中の性能，使用性，および保守性といった**非機能（的）要求**をバランスよく達成するために作成する，概要レベルの設計モデルである．

UML は，1997 年に標準化団体 OMG（Object Management Group）が標準として策定し，その後継続的に改訂されている．2016 年現在の版は 13 種類の図表記を規定している．スライド 2.9 はそのうちよく使われる 3 種類の表記例を示している．ユースケース図は前述の通りであり，人型のアイコンがアクタ，楕円形のアイコンがユースケースを表す．その下のクラス図では，矩形がクラスを，矢頭のない実線がクラス間の関連を，矢印が継承関係を表す．クラスは 3 つの部分に分けられ，上から順にクラス名，属性，操作が記載される．属

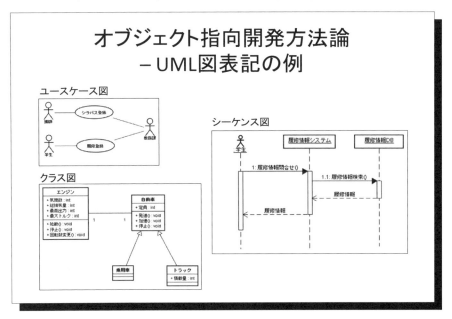

スライド **2.9**　オブジェクト指向開発方法論

性とはクラスに属するオブジェクト（インスタンスと呼ぶ）を構成するデータである。操作（あるいはメソッド）は，インスタンスが実行可能な振舞いである。右側のシーケンス図は，矢印で表されたインスタンス間の相互作用を上から下に並べることにより，時系列に沿った流れを表したものである。

前述のように，オブジェクト指向開発方法論はアーキテクチャ設計工程を含むことが特徴の1つである。本工程の進め方の1つとして，**4+1 ビューモデル**[82]がある。本モデルでは，要求を記述したユースケースやシナリオを中心として，論理ビュー，開発ビュー，プロセスビュー，および物理ビューの4点に即してアーキテクチャ設計を進める。また具体的なアーキテクチャ設計のガイドラインとして，**アーキテクチャパターン**が提案されており，Buschmann らによるもの[46]†がよく知られている。**スライド 2.10** は，大学などの学務情報システムのアーキテクチャにおける学生情報検索機能部分の例である。左が物

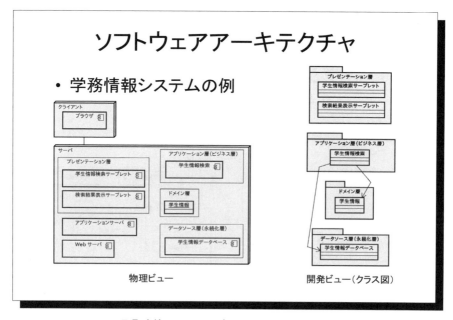

スライド 2.10　ソフトウェアアーキテクチャ

---

† 書籍のタイトルの頭文字から POSA アーキテクチャパターンと呼ばれる。

理ビューを UML 配置図で表したものであり，右が論理ビューにおけるシステム構成をクラス図で表したものである。クラス図における各パッケージは，文献46) における Layers パターンを構成する各階層を表す。

〔2〕 **形式手法**　もう1つの開発方法論である**形式手法**（formal methods）は，NASA の定義[†]によると，「ソフトウェア（やハードウェア）システムの仕様記述，設計，および検証のための数学的に厳密な手法とツール」である。形式手法は，従来のレビューやテストでは見つけられなかった不具合を検出し，修正可能な技術として近年注目されている。具体的な手法としてつぎのものがある。

- **形式仕様記述**：数学的に厳密に定義された仕様記述言語により，要求や設計の記述を進めることで開発を行うものである。おもな仕様記述言語として，関数の理論に基づく **VDM**（Vienna Development Method）と，集合論に基づく **Z 記法**，**B メソッド**，および **Event-B** がある。
- **形式検証**：仕様記述が正しいかどうかを，2.1節で紹介した推論技術などを利用して，数学的に厳密に確認するものである。定理証明を用いるツールとして **Coq** や **HOL**（Higher-Order Logic）など，モデル検査を用いるツールとして **SPIN**（Simple Promela INterpreter），**SMV**（Symbolic Model Verifier），および **LTSA**（Labeled Transition System Analyzer）などがある。

スライド **2.11** とスライド **2.12** は，いずれも形式手法，特に形式検証の適用事例である。スライド 2.11 では，モデル検査ツール SPIN を Ajax アプリケーションの検証に適用している[154]。本事例では，Ajax アプリケーションから SPIN の入力となるモデルを半自動的に生成することにより，モデル検査を容易に適用可能としている。

スライド 2.12 では，定理証明支援系 Coq をリストの連結（append）操作の結合法則の検証に適用している。1段落目と2段落目で，それぞれリスト構造と連結操作を定義し，3段落目で Coq が提供している証明戦略を利用して証明

[†] http://shemesh.larc.nasa.gov/fm/fm-what.html （2016年12月現在）

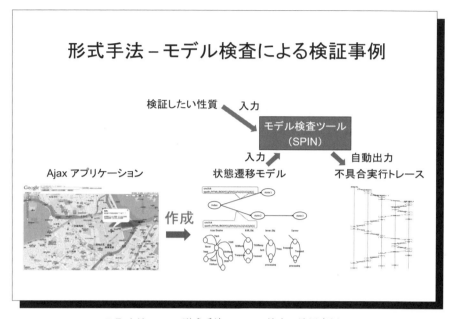

スライド 2.11　形式手法—モデル検査の適用事例—

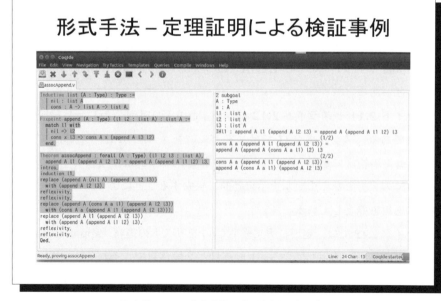

スライド 2.12　形式手法—定理証明の適用事例—

を行っている。

2.4　自律 Web アプリケーションの要素技術

　6 章で紹介する自律 Web アプリケーションの繁栄においては，その基礎となる技術の進展が大きく貢献している。そこでそのような要素技術として，機械学習，最適化，推薦手法，自然言語処理，および複雑ネットワークを紹介する。なお，自律 Web アプリケーション，およびその要素技術の 1 つである機械学習においては，ユーザの行動，天気，および災害など，現時点では不確実な情報に関する推論，予測が重要となることが多い。このような不確実な情報を扱う数学理論として，確率統計（**スライド 2.13**），すなわち確率論と統計学は古くから有用性が認められている。確率統計については優れた書籍がある[147),148)]のでそちらを参照されたい。

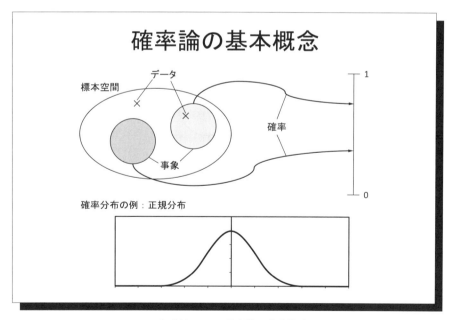

スライド **2.13**　確率論の基本概念

〔1〕 機 械 学 習　　機械学習（スライド 2.14）は，生データから未知の関係や規則を特定する技術として，古くから研究されているが，近年の計算機の性能向上と，Web やセンサなどから得られるデータ量の増大に伴い，急速に進展している．自律ソフトウェアにおいては，データの分類や有用な新規データの生成を行うのに利用される．機械学習の手法には，つぎのような分類がある．

- **訓練データの有無**：あらかじめ関係や規則が判明しているデータを**訓練データ**と呼び，機械学習手法が訓練データを用いるか否かに応じて，それぞれ**教師あり学習**，および**教師なし学習**と呼ぶ．また，少数の訓練データから学習に必要な量の訓練データを生成して用いる手法を**半教師あり学習**と呼ぶ．
- **モデルの種類**：データをクラスに分類する統計的な機械学習手法は，データとクラスの関係に関する統計モデルにより，つぎの 2 種類に分けられる．各データがあるクラスに属する確率を与えるモデルを**識別モデル**と呼ぶ．一方，データとクラスの組合せの確率分布を与えるモデルを**生成モデル**と

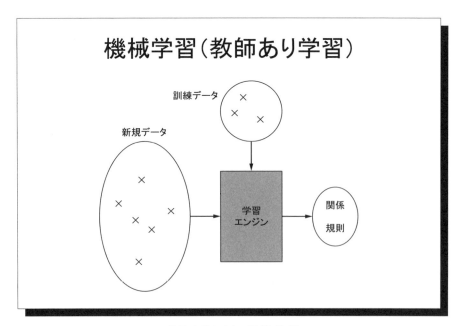

スライド 2.14　機械学習

呼ぶ。

　機械学習手法の1つ目として，**決定木**（スライド**2.15**）を紹介する。決定木は，決められた属性を持つデータに対し，属性値に対する条件によって根ノードからはじまる各ノードで分岐し，葉ノードでクラスに分類するモデルである。訓練データからアルゴリズムが決定木を学習する過程はつぎの通りである。

1. 検討中のデータ集合 E を訓練データ全体で初期化する。
2. E の要素がすべて同じクラスならば，そのクラスを葉ノードとして終了する。
3. 適切な属性 a を選び，その属性値の範囲を適切に分割して R_i ($i = 1, \cdots, n$) とし，各 R_i を新たに E として，手順2から再帰的に実行する。そのような適切な属性がなければ，E において最多の要素を含むクラスを葉ノードとして終了する。

手順3における属性選択と属性値の範囲分割の方法などによっていくつかの

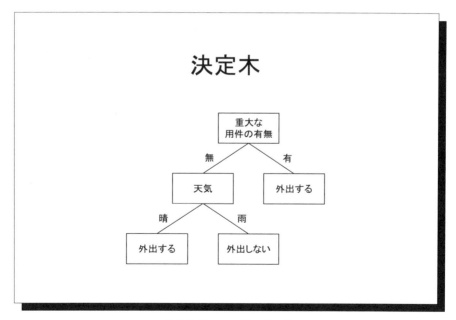

スライド **2.15**　決　定　木

異なるアルゴリズムが提案されている。代表的なものとして，**ID3**，**CART**，および **C4.5** がある。

（1） サポートベクターマシン（Support Vector Machine：**SVM**）：多次元データを超平面で2分類する教師あり学習手法である（スライド **2.16**）。その際，各訓練データとの距離の最小値（マージン）が最大となるような超平面を求める。このような超平面は，そこからマージン分だけ離れたデータ（**サポートベクター**と呼ぶ）のみから決まるため，一般に訓練データ全体のごく一部のデータのみが実際に学習に影響する点が特徴である。

また近年では，より一般的な超曲面や，3クラス以上の分類に拡張されている。超曲面においては，サポートベクターマシンは訓練データ $\boldsymbol{x}_i$ $(i = 1, \cdots, N)$ を内積 $\boldsymbol{x}_i \boldsymbol{x}_j$ の形でのみ扱っている点に着目し，内積を**カーネル関数**と呼ばれる別の関数 $K(\boldsymbol{x}_i, \boldsymbol{x}_j)$ で置き換える。本手法は**カーネル法**と呼ばれる。

（2） ニューラルネットワーク（newral network）：脳の学習機能を模した教

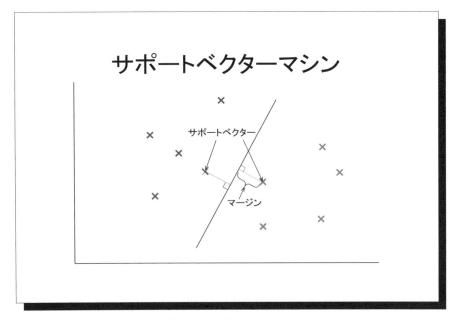

スライド **2.16** サポートベクターマシン

師あり学習手法である（スライド **2.17**）。そのために脳の細胞であるニューロンを模したモジュールを多数結合して動作させる。各ニューロンは 0 と 1 の間の複数の入力値 x_i $(i=1,\cdots,n)$ に対し，**活性化関数** f を用いて定数項付きの入力値の重み和から $f(\sum_{i=1}^{n} w_i x_i + w_0)$ を計算して出力する。f として階段関数（入力値がある**閾値**より大きいか小さいかに応じて出力値が 1 か 0 となる）やシグモイド関数 $1/(1-e^{-x})$ などが用いられる。

ニューラルネットワークに対してはつぎのような種類がある。まず結合方向に関して，ニューロンを入力側から出力側へ一方向に結合した**前向き結合**（フィードフォワード（feed forward），**順伝播**）型ニューラルネットワークと，循環した入出力の流れを含む**リカレント**（recurrent）型ニューラルネットワークがある。またそのほかの分類として，データが入力される**入力層**ニューロンとデータを出力する**出力層**ニューロンを直接結合した**単層型ニューラルネットワーク**と，それらの間に**中間層**と呼ばれるニューロンを挟んだ**多層型ニューラルネッ**

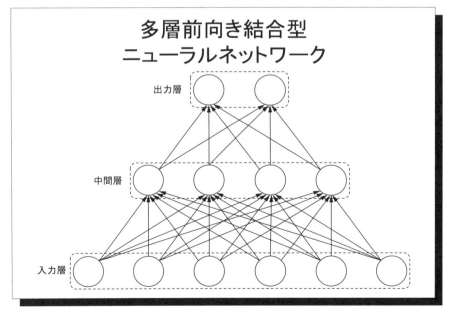

スライド **2.17** ニューラルネットワーク

トワークがある。多層型の中でも中間層を複数有するディープ（deep）ニューラルネットワーク（ディープラーニング）は近年注目されている。

（3）**クラスタリング**：教師なし学習による分類手法である。具体的には，データ間の距離が定義されている場合に，近いデータを同じ集合（**クラスタ**と呼ばれる）に分類し，遠いデータを異なるクラスタに分類する。クラスタリングはつぎの**階層型**と**非階層型**の2種類に分けられる。

階層型は，最初各データを異なるクラスタとして最も近いクラスタの対を順次統合する**凝集型**と，最初全データを同じクラスタとして順次クラスタを分割する**分割型**に分かれる。このときクラスタ分割の様子は**スライド 2.18** のようなデンドログラム（樹形図）で表すことができる。凝集型の代表的な手法である**ウォード法**では，2つのクラスタ C_i $(i=1,2)$ 間の距離を $V(C_1 \cup C_2) - V(C_1) - V(C_2)$（ただし $V(C_i)$ は C_i の分散）で定義する。

一方非階層型の代表的な手法として，**k-平均**（k-means）**法**がある。本手法

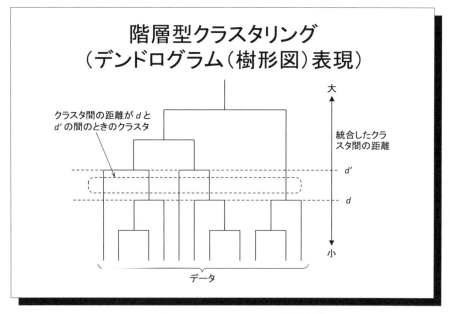

スライド **2.18** クラスタリング（階層型）

は，ランダムに設定された初期クラスタからはじめて，各クラスタの中心点を計算し，各データを最も近い中心点のクラスタに移動することを反復する。

統計学の一分野であるベイズ統計学では，あらかじめ想定した事前確率分布から，訓練データを用いて事後確率分布が得られるので，この特徴を活用した機械学習手法が提案されている．ここでは，ナイーブベイズ手法とベイジアンネットワークを紹介する．さらにベイジアンネットワークに関連する手法としてマルコフ論理ネットワークについても言及する．

ナイーブベイズ手法は，ベイズの定理を利用してデータの分類を行う手法である．データが属するクラス C と，データの属性値 $x_1, \cdots, x_n$ に対し，これら n 個の属性がクラス C に関して条件付き独立のとき，ベイズの定理より

$$P(C|x_1, \cdots, x_n) = \frac{P(C) \prod_{i=1}^{n} P(x_i|C)}{\prod_{i=1}^{n} P(x_i)}$$

となる．ここでクラス C の事前確率 $P(C)$ と，訓練データから得られた各 $P(x_i|C)$ が与えられれば，分母は定数のためクラス間で大小比較を行うことにより分類が可能である．本手法の主要な応用の1つとして，迷惑メール（スパムメール）を特定する**スパムフィルタ**が普及している（**スライド2.19**）．

一般に確率変数間の依存関係を表すモデルとして**ベイジアンネットワーク**（**スライド2.20**）が広く使われる．ベイジアンネットワークは，確率変数をノードとし，独立でないノード間が有向リンクで結ばれた，非循環有向グラフ（directed acyclic graph）である．ベイジアンネットワークを用いた機械学習は，通常つぎの手順で行う．

1. 訓練データからネットワークのリンクを特定する（**構造学習**）．
2. 各ノードの親ノードに対する条件付き確率分布を特定する．

実際の学習においては，手順1と手順2を行って得た複数のネットワークのうち，なんらかの基準で最適なものを選ぶ．一般に学習手続きは，ノード数が増えると計算量が爆発的に増大するので，効率的に行うアルゴリズムが提案されている．例えばノードを1つ選んで，そのノードの親ノードの候補を選び，

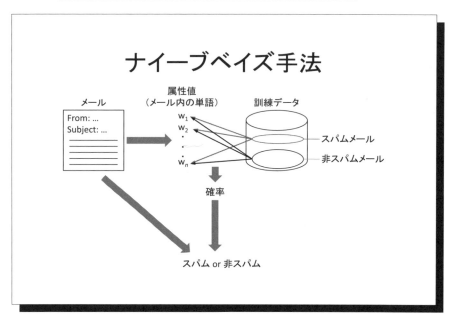

スライド 2.19　ナイーブベイズ手法

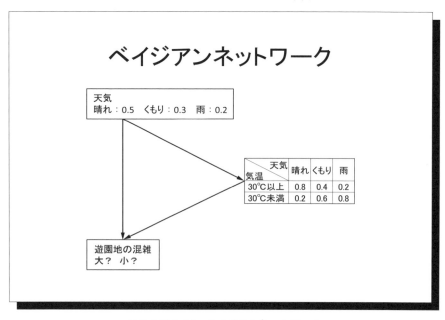

スライド 2.20　ベイジアンネットワーク

2.4 自律Webアプリケーションの要素技術

その中から前述の基準で最適となる親ノードの組合せを選択する，という手順を繰り返す基本的な手法がある。

最適なネットワークが得られれば，新規データに対して確率的な推論を行う。具体的には各ノードに対し，事前分布からデータが与えられた場合の事後分布を計算するが，ネットワークの形状によっては工夫が必要となる。

ベイジアンネットワークの有向リンクを無向リンクとしたものを**マルコフネットワーク**と呼ぶ。**マルコフ論理ネットワーク**（Markov Logic Network：**MLN**）は，一階述語論理において基底項（変数を含まない項）を述語の引数とした命題をノードとするマルコフネットワークである（スライド **2.21**）。さらに限量子のない論理式の集合 $\{F_i | i = 1, \cdots, n\}$ に対し，F_i の基底化（変数に基底項を代入した命題）に同時に現れるノード間をリンクで結び，その部分グラフに各 F_i の重み $w_i > 0$ を与える。このとき，各ノードへの真理値の割り当てを可能世界と呼び，可能世界 x を値とする確率変数 X の分布をつぎのように定義する。

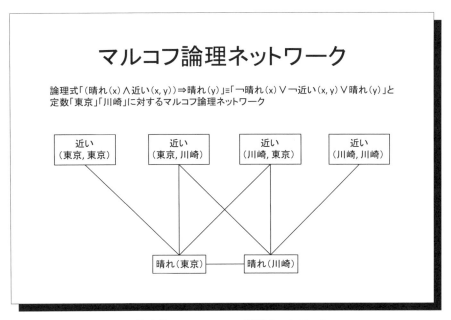

スライド **2.21**　マルコフ論理ネットワーク

$$P(X = x) = \frac{1}{Z} \exp\left(\sum_{i=1}^{n} w_i n_i(x)\right)$$

ただし，Z は正規化のための値であり，$n_i(x)$ は，x の割り当てにより真となる F_i の基底化の個数を表す．X はこのマルコフ論理ネットワークにおける $\{F_i\}$ の正しさの度合いを表す．

条件付き確率場（Conditional Random Field：**CRF**）は，つぎのようなマルコフネットワークである（スライド **2.22**）．

- 同じ個数の 2 組の確率変数 X_i, Y_i（$i = 1, \cdots, n$）がノードである．
- 各 $i = 1, \cdots, n$ に対する X_i と Y_i との間がリンクで結ばれている．
- Y_i の間にはリンクがない．

条件付き確率場は系列ラベリング問題における識別モデルとして広く応用されている．その場合，X_i は鎖状，すなわち各 $i = 1, \cdots, n-1$ に対する X_i と X_{i+1} の間のみリンクで結ばれたものを使用する．すると一般の条件付き確率

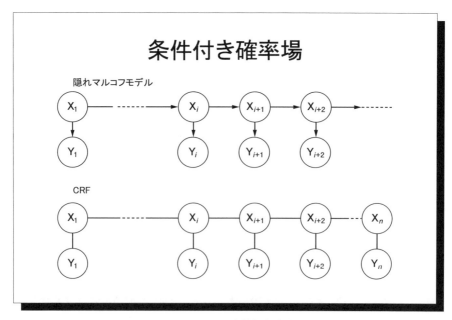

スライド **2.22** 条件付き確率場

場とは異なり，厳密な確率的推論が可能となる．条件付き確率場の応用例として，後述の形態素解析器 MeCab がある．

自律エージェントに適切な行動を学習させたい場合，あらかじめ訓練データとして行動データが与えられることはほとんどなく，通常は実際に行動した後にはじめて適切かどうかが判明する．この場合の学習においては，行動が適切だった場合にその行動への志向を強化し，そうでなかった場合には緩和するという方針が有効である．このような学習を**強化学習**（スライド **2.23**）と呼ぶ．

Q 学習は強化学習の中でよく用いられるものの 1 つである．Q 学習の特徴は，各状態 s において行動 a を実行した後の価値の評価を **Q 値** $Q(s,a)$ で表し，行動の結果に応じてつぎの式によりこの値を更新することである．

$$Q(s,a) \Leftarrow Q(s,a) + \alpha(R(s) + \gamma \max_{a'} Q(s',a') - Q(s,a))$$

ただし，α と γ は，それぞれ**学習率**および**割引率**と呼ばれる 0〜1 までの実数

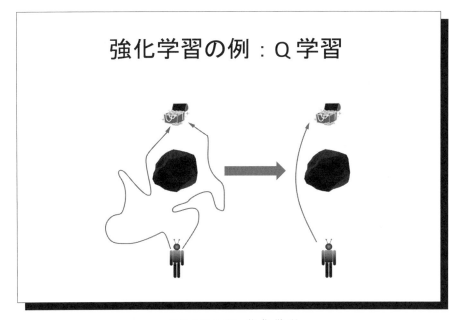

スライド **2.23** 強化学習

で，$R(s)$ は状態 s で得られる報酬，すなわち s の適切さを表し，s' は s において a を実行した後の状態である。

自律 Web アプリケーションにおいては，ユーザの要求に完全に合致するサービスの提供が一般に困難であるため，できるだけユーザの満足度を高めることを目指すのが通常である。また機械学習の応用では，学習結果を新規データに適用して得られた出力と，期待される出力との差異が小さいほうが望ましい。そこで，ある関数（**目的関数**と呼ぶ）の値を最大（あるいは最小）にするような入力（**最適解**）を求める，**最適化手法**（スライド 2.24）を紹介する。

〔2〕**最　適　化**　最適化手法は一般に**数理計画法**と同義に扱われる。具体的な手法として，入力と目的関数の種類に応じて多数のものが知られている。最も長く使われ広く知られているのが，目的関数が微分可能な場合に，微分係数が 0 となる入力値から最適解を選択する**極値問題**と，その応用である**ラグランジュ乗数法**である。そのほかの手法として，ここではその中から自律 Web ア

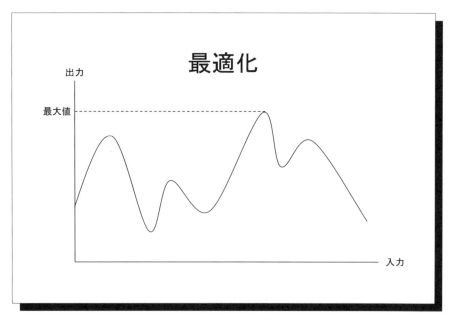

スライド 2.24　最　適　化

プリケーションでよく利用される，線形計画法，勾配法，および自然現象を模倣した手法を紹介する。

（1）**線形計画法**（スライド **2.25**）：入力値の範囲が多次元空間内の線形不等式で表され，目的関数が線形関数の場合（線形計画問題）の最適化手法である。線形計画問題の重要な特徴として，入力値の範囲の表面が多面体の一部となり，最適解があれば，その頂点のいずれかが最適解となることが挙げられる。線形計画法は**単体法（シンプレックス法）**と**内点法**の 2 種類に分けられる。単体法では前記多面体の辺をたどり，内点法では入力値の範囲の内部をたどって最適解を探索する。

（2）**勾配法**：目的関数が偏微分可能な場合の最適化手法であり，おもな手法として**最急降下法**と**共役勾配法**がある。最急降下法は，入力値 $\bm{x}_0 = (x_{01}, \cdots, x_{0n})$ において目的関数 $f(x_1, \cdots, x_n)$ の値が最も速く変化する方向が，勾配ベクトル $((\partial f/\partial x_1)(x_{01}), \cdots, (\partial f/\partial x_n)(x_{0n}))$ であることを利用し，そのベクトル

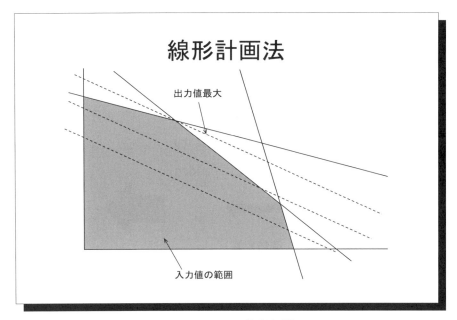

スライド **2.25** 線形計画法

に一定値を乗じた分だけ進めて新たな入力値とする，ということを収束するまで繰り返す．共役勾配法は，入力値の座標軸を，ステップを進めるごとに変えることで，最急降下法よりも速い収束を実現するものである．

（3） **自然現象を模倣した手法**：自然界では物理法則の利用や，生物の進化など，最適化を実現する自然現象がいくつか知られており，そのような自然現象を模倣した最適化手法が研究されている．ここではその中から，遺伝アルゴリズム，焼きなまし法，および蟻コロニー最適化を紹介する．

生物は進化により環境変化に適応して生存してきている．進化は遺伝子の継承と変化によりもたらされるため，その機構の模倣は最適化に応用可能であると考えられてきた．**遺伝アルゴリズム**（Genetic Algorithm：**GA**）はそのような模倣を行う手法である（**スライド 2.26**）．遺伝アルゴリズムでは入力データを記号列で表された遺伝子を持つ**個体**としてコード化する．遺伝アルゴリズムの手順はつぎの通りである．

1. 多数の個体をランダムに生成する．

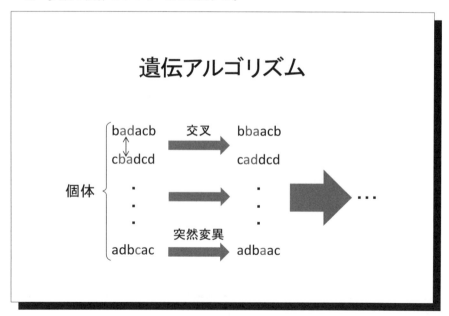

スライド **2.26** 遺伝アルゴリズム

2. 各個体に対する目的関数の値（遺伝アルゴリズムでは**適合度**と呼ぶ）を計算し，値が大きい順に個体を一定数選び，残りの個体からもランダムに一定数を選ぶ．
3. つぎの2種類の操作をランダムに選んだ個体に対し実行する．
   - 2個体の遺伝子の一部どうしを交換（**交叉**）
   - 1個体の遺伝子の一部を改変（**突然変異**）
4. 手順2と手順3を適合度が増加しなくなるまで繰り返す．

焼きなまし法（**擬似焼きなまし法**もしくは**シミュレーテッドアニーリング**（Simulated Annealing：**SA**）とも呼ばれる）は，文字通りの焼きなまし，すなわち金属などの材料を加熱した後時間をかけて冷却することにより，強度などを改善する手法を模倣したものである（**スライド 2.27**）．その手順はつぎの通りである．

1. 入力と正の実数値パラメータ（**温度**と呼ぶ）の初期値を設定する．
2. 現在の入力値（現在値と呼ぶ）とは異なる値（候補値と呼ぶ）をランダ

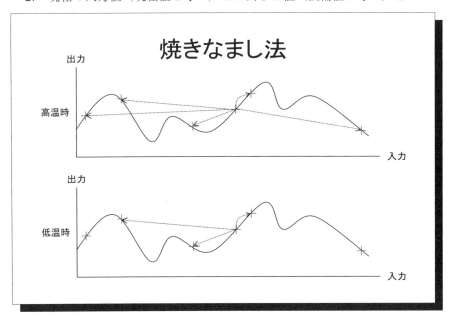

スライド **2.27** 焼きなまし法

ムに選ぶ。
3. 2つの入力に対する目的関数の値を計算する。候補値に対する値が現在地より大きい場合は必ず，そうでない場合は −(目的関数値の差)/(温度) の指数関数値の確率で，現在値を候補値で置き換える。この確率は目的関数値の差が小さいほど，また温度が高いほど大きくなる。
4. 温度を下げ，0になれば終了し，そうでなければ手順2に戻る。

蟻はフェロモンと呼ばれる物質を放出することにより，群れとして最適な行動を実現することが知られている。フェロモンはほかの蟻を誘引するが，時間とともに蒸発してその効果が薄れていく。このような現象を模倣した手法が**蟻コロニー最適化**（Ant Colony Optimization：**ACO**）である。

例えば**スライド 2.28** のように巣から出発した蟻は，最初のうちはランダムに動き，そのうちエサにたどり着く。しかし多数の蟻がその行動を繰り返すと，エサまでの最短経路上にフェロモンが集中するようになり，最終的にはすべて

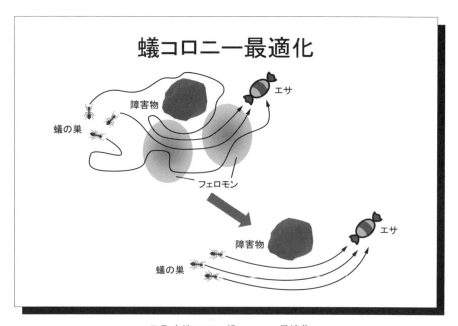

スライド 2.28　蟻コロニー最適化

の蟻が最短経路をたどるようになる。このように，蟻コロニー最適化手法は，おもに巡回セールスマン問題などの最短経路問題に適用される。具体的な手順はつぎの通りである。

1. 制約を満たす経路をランダムに複数作成する。
2. 各経路につき短い経路上ほど多くなるようにフェロモン量を計算する。
3. フェロモンが多いほうに行きやすいように経路を複数作成する。
4. それ以上短い経路が見つからなくなるまで手順2と手順3を繰り返す。

ユーザに製品やWebサイトなどのアイテムを推薦するシステムは，代表的な自律Webアプリケーションとして広く普及している。そこで推薦システムの要素技術として，協調フィルタリングと内容ベースフィルタリングを紹介する。

協調フィルタリング（スライド2.29）は，アイテムの購買履歴や評価履歴をもとに，ユーザの嗜好をユーザとアイテムとの関係としてモデル化することにより，嗜好に合ったアイテムを推薦する手法である。本手法はさらにメモリベー

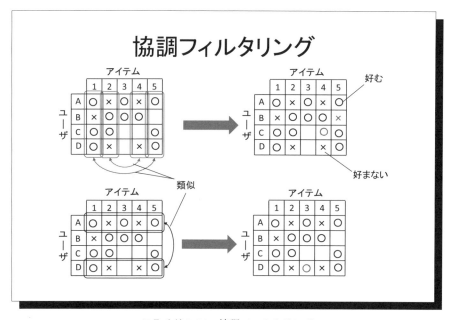

スライド 2.29　協調フィルタリング

ス手法とモデルベース手法の2種類に分けられ，それらを併用した**ハイブリッド手法**も提案されている。

- **メモリベース手法**：ユーザとアイテム間の嗜好関係から，ユーザ間，あるいはアイテム間の類似度を計算して推薦に利用する。類似性の判定は，同じアイテムを好むユーザは類似しており，同じユーザが好むアイテムは類似しているという方針で行う。類似度計算はコサイン類似度やピアソン相関係数などを用いる。
- **モデルベース手法**：ユーザとアイテム間の嗜好関係の詳細なモデルを作成し，そのモデルからユーザが好むと推測されるアイテムを推薦する。おもなモデルとして，ユーザを類似度で分類したクラスタモデルと嗜好の度合いを関数で表した関数モデルがある。

一方**内容ベースフィルタリング**（スライド 2.30）は，アイテムの内容から特徴を抽出し，ユーザの嗜好に合う特徴を持ったアイテムを推薦する手法である。

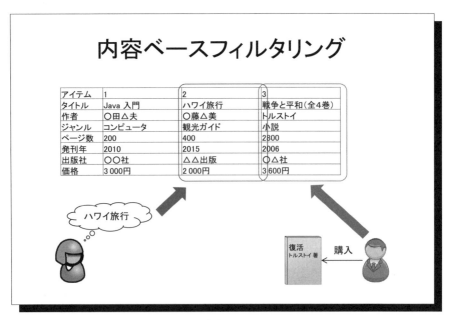

スライド 2.30　内容ベースフィルタリング

アイテムの特徴はアイテムの種類に依存する．例えば書籍であれば，タイトル，作者，およびジャンルなどである．一方ユーザの嗜好については，ユーザがアイテムの特徴を直接指定するか，あるいはユーザの購買履歴や評価履歴から特定するかの2通りの特定方法がある．そして推薦アイテムの決定は，人手で作成したルールやアルゴリズムを用いるか，機械学習により得られたモデルを用いるかのいずれかで行う．

自律 Web アプリケーションにおいて，Web 上に存在する膨大な量の自然言語テキストから，有益な情報を引き出すことは重要である．そのために有用な**自然言語処理**手法として，形態素解析，係り受け解析，特徴語抽出，トピック分析，感情分析を紹介する．自然言語処理の問題点の1つとして，日本語や英語など，言語によって有効な手法が異なるという点がある．ここではおもに日本語のみを扱う．

形態素解析（スライド **2.31**）は，テキストを**形態素**と呼ばれる単位に分割し，

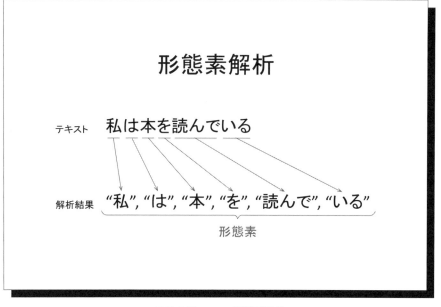

スライド **2.31** 形態素解析

各形態素の属性(品詞など)を特定する手法である。形態素とは,テキストにおいて意味を持つ最小の単位のことである。例えば「私は本を読んでいる」というテキストを形態素に分けると,「私・は・本・を・読んで・いる」となる。

近年の形態素解析では,テキストを単語の列と見なした場合に出現確率が最大となる列を求める統計的手法が広く用いられている。前述の MeCab は統計モデルとして条件付き確率場を用いている。

テキストの構成要素のうち,形態素についで小さい単位として,名詞や動詞などの自立語と,助詞や助動詞などの付属語を合わせて意味のあるものとした**文節**がある。文節の間には,修飾語句と非修飾語句,あるいは主語と動詞といった,前者が後者に係っているという関係がある場合がある。例えば「私は友人が手を振っているのを見つけた」という文章では,**スライド 2.32** のような係り受け関係がある。**係り受け解析**はこのような文節間の係り受け関係を特定する手法である。

係り受け解析

テキスト
私は友人が手を振っているのを見つけた

文節

解析結果
私は ─────────┐
            ├→ 振っているのを → 見つけた
友人が → 手を ─┘

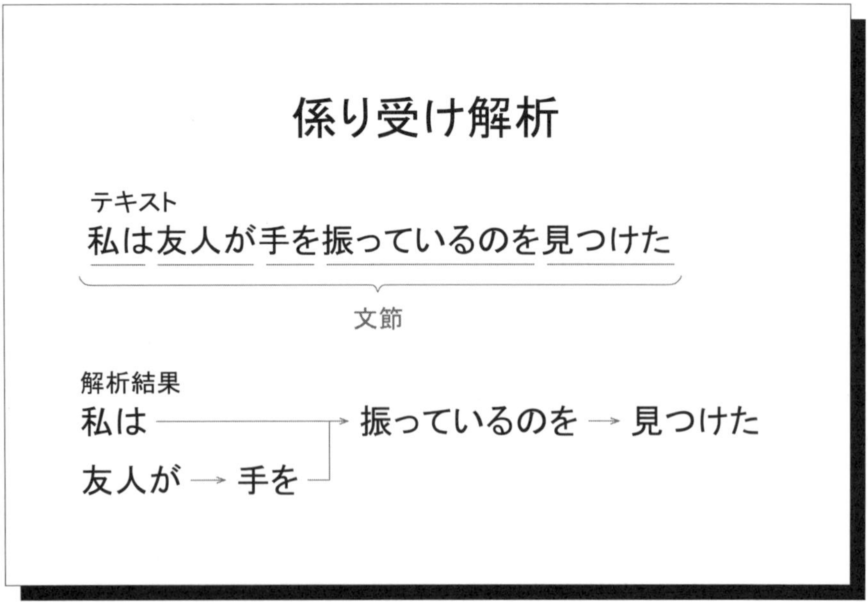

スライド 2.32　係り受け解析

日本語向けの係り受け解析器の代表的なものに **CaboCha** がある。CaboCha は，ある文節がその後の各文節に対し係っているかどうかを学習したサポートベクターマシンを用いる点が特徴である。

付属語や，自立語であっても「もの」や「行う」といった単語は，多くの文書に見られるようなありふれたものである。一方でテキストを構成する単語の中には，そのテキストを特徴付けるような単語が含まれることが多い。例えばこの文の周辺のテキストは自然言語処理について書かれたものであり，「テキスト」や「文節」といった単語により特徴付けられている。このような単語を**特徴語**と呼び，特徴語を抽出することはテキストの分析に有用であることが知られている（スライド **2.33**）。

特徴語抽出の代表的な手法の 1 つに **TF-IDF**（Term Frequency - Inverse Document Frequency）がある。本手法は，テキスト内の各単語に対し，テキストにおける出現頻度（TF）と，その単語が多数の文書（ひとまとまりのテキ

特徴語抽出

テキスト
一方でテキストを構成する単語の中には，そのテキストを特徴付けるような単語が含まれることが多い

TF-IDF による解析結果

語	単語	テキスト	一方	構成	特徴	多い	含む	こと	中
TF-IDF値	3.961	3.218	1.377	1.316	1.170	1.018	1.002	0.429	0.000

スライド **2.33** 特徴語抽出

スト）において出現する文書数の逆数の対数（IDF）との積により，その単語のテキストにおける重要度を計算するものである．本手法で用いるような，多数の文書と各単語の出現文書数などの情報を記録したデータベースを**コーパス**と呼ぶ．そして，設定した閾値以上の TF-IDF 値を持つ単語を特徴語として抽出できる．

TF-IDF などにより特徴語を抽出したとしても，もとのテキストの中心的な話題を自動的に特定するのは一般的に困難である．例えば「メッシ選手がバロンドールを獲得」というテキストに対しては，知識のある人間でないとサッカーに関するテキストであることがわからない．このようなテキストの中心的な話題を**トピック**と呼び，テキスト群をトピックごとに分類するなどの処理を**トピック分析**と呼ぶ．

トピック分析は，トピックの確率モデルである**トピックモデル**を利用するのが一般的であり，**LDA**（Latent Dirichlet Allocation）は代表的なトピックモデルの1つである．LDA は，**スライド 2.34** のようなグラフィカルモデルで表される．ここで，各ノードは確率変数を，矢印は依存関係の存在（終点が条件付き分布に従う）を，各矩形は同じ形のグラフが複数個（それぞれ M 個と N 個）あることを表す．Dir(α) はディリクレ分布と呼ばれる確率分布である．

ツイッターなどのソーシャルメディアへの投稿といった，日常的に作成されるテキストには，作成者の感情が反映されることが多い．そのような感情をテキストの分析により特定する手法が多数提案され，それらを実装したソフトウェアも数多く存在する（**スライド 2.35**）．

特定する感情としては，肯定的と否定的の2種類に絞った **P/N**（Positive/Negative）**判定**から，「喜び」「悲しみ」「怒り」のような詳細な分類まで多様なものがある．また手法としては，まず各単語に対しその単語に表れる感情の分類を付記した辞書を用いて，テキストに含まれる単語からテキストの感情を推定するような簡単なものがある．近年では，前述のディープラーニングなど，機械学習を用いた手法も多く提案されている．

Web においては，ページ間のリンク関係や，ソーシャルネットワークにおけ

トピック分析

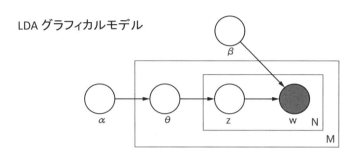

LDA グラフィカルモデル

α : θ の分布のハイパーパラメータ
β : w の分布のハイパーパラメータ
θ : z の分布のパラメータ
　　　Dir(α) に従う
z : トピック
　　多項分布に従う
w : トピック z に関する単語
　　多項分布に従う
M : 文書数
N : 文書中の単語数

スライド 2.34　トピック分析

感情分析

テキスト	P/N 判定	より詳細な感情
明日から旅行なのでうれしい。	positive	喜
このカメラの操作は簡単だ。	positive	楽
あなたの家の大きさにはびっくりした。	neutral	驚
このような失敗をするとは情けない。	negative	悲
列に割り込まれて腹が立った。	negative	怒

スライド 2.35　感情分析

るユーザ間のつながりなど，大規模かつ複雑なネットワーク構造が重要な役割を果たしている．自律 Web アプリケーションにおいても，そのようなネットワーク構造の活用が重要である．そこで，大規模かつ複雑なネットワークの性質に関する研究が急速に発展している．

Web 上のネットワークによく見られる性質として，**スモールワールド性**，**スケールフリー性**，および**クラスタ性**がある（スライド **2.36**）．スモールワールド性とは，膨大な規模のネットワークであっても，2 ノード間の最短距離，すなわちノードを結ぶ複数のリンクのつながりのうち最小のリンク数は，6 前後の小さい値となることを表す．**スケールフリー性**とは，ノードの次数，すなわちノードにつながっているリンク数の分布が指数分布となっていることを表す．つまり次数が少ないほどノード数が多いことになる．**クラスタ性**とは，つぎのように計算される**クラスタ係数**の平均値が高いことを表す．ノード i のクラスタ係数は，i につながっているノードの 2 つ組全体の中で，その組のノード間に

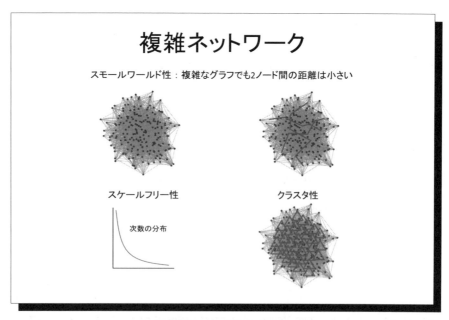

スライド **2.36** 複雑ネットワーク

リンクがあるものの割合である。すなわち，三角形の多さを表す。

複雑ネットワークに関する有用な手法として，**ノードの重要性**（スライド**2.37**）の計算がある。**ページランク**はそのアルゴリズムの 1 つであり，グーグル社の検索エンジン[†]において検索結果の表示順序の決定に用いられている。基本的な考え方はつぎの通りである。

- 多くの重要なノードからリンクされているノードは重要である。
- 1 ノードから多数のリンクが出ていると，その先のノードの重要度に対する影響は少ない。

そのうえで，ページランクはノード間の推移確率（ランダムにリンクを選んだ場合にノード間を移動する確率）行列の固有ベクトルとして計算される。ノードの重要性を計算するそのほかのアルゴリズムとして，**HITS**（Hypertext Induced Topic Selection）がある。本アルゴリズムは，多くの重要なノードへのリンク

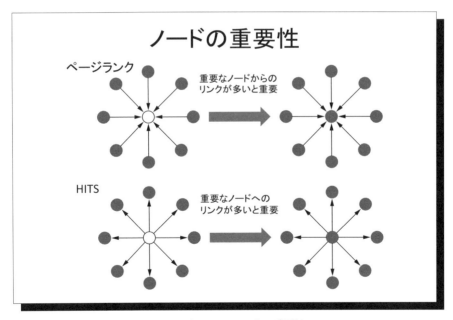

スライド **2.37** ノードの重要性

[†] https://www.google.com/ （2016 年 12 月現在）

が多数存在することも重要であると見なす点がページランクと異なる。

コンピュータや実世界における大規模なネットワークにおいては，情報や物質の移動による拡散現象が重要である．例えばコンピュータネットワークにおけるウイルス，実世界における感染症，および実世界・仮想世界における口コミといったものの拡散を分析，予測することは有用性が高い．

このような拡散現象のモデルとしては，感染症の例を抽象化したものがよく用いられ，代表的なものとして **SIS** モデルと **SIR** モデルがある（スライド **2.38**）．SIS モデルでは，各ノード（1 人の人間を表す）は状態 S（Susceptible，健康であることを表す）と状態 I（Infected，感染していることを表す）の 2 状態の間を遷移する．ただし状態 S から状態 I に遷移するためには，別の状態 I のノードと隣接する（感染者と接触することを表す）必要がある．SIR モデルでは，状態 I のつぎには状態 R（Recovered，回復して免疫を得たことを表す）に遷移し，そのままとどまる．

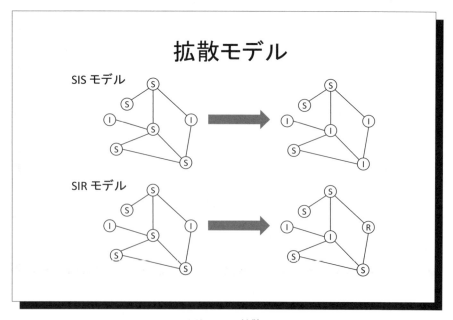

スライド **2.38** 拡散モデル

3章 ゴール指向要求工学

◆本章のテーマ

　自律ソフトウェアには，明示的であれ非明示的であれ，望まれる状態に該当するゴールが存在する．自律ソフトウェアは与えられたゴールを達成するために，適切な行為を選択し，実行する．ゴールには単なる状態を表すものもあれば，開発するソフトウェアが満足すべき宣言を表すものもある．このようなゴールは，ソフトウェアに対する要求とも関連し，この要求を適切に抽出，定義，管理する手法は要求工学として体系化されている．本章では，このようなゴールを明確化する手段であり，また，マルチエージェントシステムなどの自律ソフトウェア構築にも適したアプローチであるゴール指向要求工学について学ぶ．

◆本章の構成（キーワード）

3.1 はじめに：要求工学の必要性
　　要求工学のプロセス，3つの問
3.2 ゴール指向要求分析
　　KAOS，系統的分析
3.3 ゴールモデル
　　ゴール，洗練化，エージェント
3.4 ゴールのタイプとカテゴリ
　　振舞いゴール，ソフトゴール，機能ゴール，非機能ゴール
3.5 ゴールモデルの役割
　　構造化，論理的根拠，スコープの明確化
3.6 形式的アプローチ
　　ゴール洗練化の意味論，ゴールパターン
3.7 そのほかのゴール指向要求分析法
　　i*，NFRフレームワーク
3.8 ゴール指向要求工学と自律ソフトウェアとの関係
　　エージェント指向ソフトウェア工学，Gaia，Tropos
3.9 応用事例：ソフトウェア変更の局所化
　　ソフトウェア進化，Control loopパターン
3.10 まとめ

◆本章を学ぶと以下の内容をマスターできます

- ゴールモデルの概要，役割
- ゴールモデルを用いた要求分析法
- ゴールと自律ソフトウェアとの関係

3.1 はじめに：要求工学の必要性

自律ソフトウェアに限らず，ソフトウェアを開発する場合は通常，どのようなソフトウェアを構築すべきであるかをあらかじめ決めておく必要がある。この構築すべきソフトウェアが有する機能や性能，品質は，**要求**（requirements）として定義される[†]。この要求は，ソフトウェアを設計，実装する際の拠り所となるものであり，自律ソフトウェアにおいては，実行中にソフトウェア自体が要求の達成状況を管理する必要がある。しかしながら，この要求，つまり新たに構築するソフトウェアシステムにより実世界のどのような問題を解決すべきかを正しく把握することは容易ではない。その典型的な例として，米国Standishグループが報告したChaosレポート[123]が挙げられる。このChaosレポートは，当時のソフトウェア開発プロジェクトの成否や，成功・失敗の要因の調査結果をまとめたものであるが，その調査結果から，納期までに予算内でソフトウェアが完成したプロジェクトは16％に過ぎず，31％のプロジェクトが中止に追い込まれ，約半数のプロジェクトが当初の見積りの倍近いコストを要していたことが明らかとなった。同レポートは成功・失敗の要因についても分析しているが，失敗原因の上位3つが，ユーザからの情報不足（13％），不完全な要求・仕様（12％），要求・仕様の変化（12％），といずれも要求に関する要因であったことから，要求を的確に扱うための**要求工学**（requirements engineering）が重要視されることとなった。

では，要求工学における目的とは何であろうか。一般に要求工学のプロセスでは，まず，ステークホルダ（利害関係者）から要求を獲得し（要求獲得），獲得した要求を仕様として記述する（要求記述）。その後，記述した仕様に対して妥当性を確認し（要求検証），ソフトウェアリリース後も要求を適切な形で保管する（要求管理）。保管された要求は，要求変更時に変更箇所の追跡に用いられたり，あるいは，類似システムの開発時などで再利用される。これらのプロセ

[†] 本書では，このような構築すべきソフトウェアに対する要求を，漠然とした要求と区別して**ソフトウェア要求**（software requirements）と呼ぶこともある。

ス全体にわたって重要なのは，大きく以下の3点を把握することである．

- **Why**：なぜシステムを開発するのか．どのような目標を達成すべきであるのか．
- **What**：なにを構築すべきであるのか．どのような機能を持つべきか．
- **Who**：だれが関与するのか．また，各自がどのような責務を持つべきであるのか．

じつはこの3つの問は，自律ソフトウェアを設計する際の検討事項と類似している．自律ソフトウェアの観点では，例えば，現在の**目標**（Why）の達成状態をソフトウェア自身が管理し，その目標を達成するための機能あるいは**操作**（What）を選択することとなる．もし，ソフトウェア自身で目標を達成できない場合は，ほかの**アクタ**（Who）にサービスを要求することとなるが，これは一種のマルチエージェントシステムである．特にマルチエージェントシステムの構築にあたっては，システムが扱う自動化の対象は，通常のシステムと比較して広範囲にわたるとともに複雑である場合が多い．したがって，自律ソフトウェア構築においても，扱う対象と責務の分担を明確に定義しておくための要求工学のアプローチは重要となる．特にこの3つの要因，つまり，Why，What，Who を分析する効果的な分析法として，**ゴール指向要求分析**（goal-oriented requirements analysis）が知られている．本章では，このゴール指向要求分析法を紹介し，エージェントとの関係について議論することで，エージェントシステム構築に適したゴール指向の要求工学について学ぶ．

3.2 ゴール指向要求分析

本節では，ゴール指向要求分析について，代表的なゴール指向要求分析法である KAOS に基づいて説明する．KAOS（Knowledge Acquisition in autOmated Specification）[52],[89] は，1990年代に米国オレゴン大とベルギー ルーヴェン大が共同で開発したゴール指向の要求分析法であり，現在 i*[130]（3.7節参照）と並んで広く知られている．1990年代以降もルーヴェン大の van Lamsweerde

教授が中心となって拡張が進められてきた。KAOSの特徴は，システムゴール（開発対象システムへの要求）を系統的に分析することを目指した手法であるという点である。この系統的な分析のために，KAOSでは時相論理に基づいた理論体系が用意され，ゴール達成の形式的な検証を目指している。仕様を記述するうえで重要なことは，矛盾や漏れ，曖昧性を排除することであるが，KAOSでは，ゴールの詳細化に際して混入する可能性のある矛盾や曖昧性を排除するために形式的な理論体系の利用を試みている。

　KAOSの分析手順をスライド 3.1 に示す。まず，実現したいゴール（トップゴール）を設定し，トップゴールを，具体的な操作により達成できる粒度のゴールになるまで，ゴールをどんどん分解していく。分解によって追加されるゴールはサブゴールと呼ばれる。このようなゴール分析はゴールモデルの下方向への分析になるが，分析過程で上方向のゴールが再定義される場合も少なくない。具体的な操作により達成できる（サブ）ゴールまで分解できたら，つぎにこれ

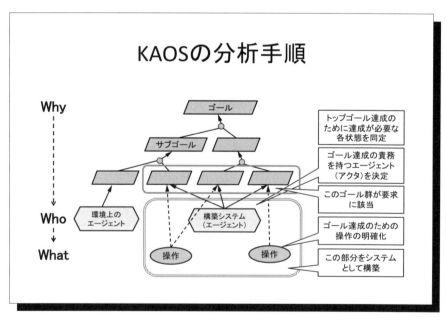

スライド 3.1　KAOS の分析手順

らのゴールの達成に対して責任（責務と呼ばれる）を持つエージェント（アクタ）を追加する．あわせて，これらのゴールを実現するための操作も追加する．エージェントには，構築すべきシステムやシステムに関与するアクタ・他システムなどが該当するが，このうち構築すべきシステムが達成の責務を持つゴールが，システムに対する要求となる．同様に，これらのゴールに対応付けられた操作が，構築すべきシステムが持つべき機能，つまりシステム構築時に実装すべき機能となる．このように，KAOSでは，システム導入の理由となるゴール（Why）から，構築すべきシステムの機能（What）を系統的に導出可能な分析法であるといえる．

KAOS の系統的な分析については，分析時に記述するモデルからもその特徴がうかがえる．KAOS には**スライド 3.2** に示すつぎの 4 つのモデルが用意されている．

- ゴールモデル（goal model）：達成すべき宣言や目標とする状態（ゴー

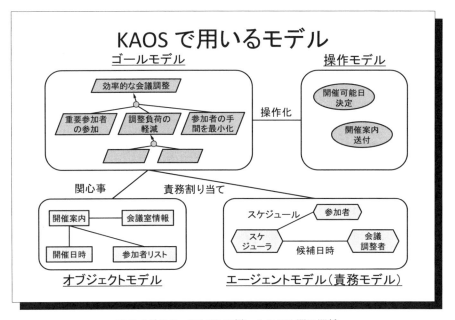

スライド **3.2** KAOS で用いるモデル間の関係

ル）を系統的に記述するためのモデル。ゴールとサブゴールの間には，AND/OR の関係が定義される。ゴールモデルについては，3.3 節で詳しく説明する。

- **エージェントモデル**（agent model）：ゴールモデルに記述されたゴールに対して，どのアクタ（エージェント）が達成の責務を持つかを定義するモデル。ゴールモデルとエージェントモデルとの関係に着目していることから，**責務モデル**（responsibility model）とも呼ばれる。構築すべきソフトウェアに該当するエージェントに達成の責務が割り当てられたゴールこそが，ソフトウェア要求となる。一方で，そのほかのエージェントに割り当てられたゴールは，環境によって達成が期待されるという意味で，**期待**（expectation）と呼ばれる。エージェントが関与するオブジェクト（KAOS ではエンティティと呼ぶ）との間に，監視（monitoring）あるいは制御（control）の関係も定義する。
- **操作モデル**（operation model）：ゴールを達成するための操作を定義するモデル。操作を駆動するイベントと，操作に対する入出力となるオブジェクトとの関係も記述する。
- **オブジェクトモデル**（object model）：ゴールモデルを記述する過程で同定されたオブジェクト群に対して，それらの関係を記述するモデル。UML[71]におけるクラス図に似たモデルである。

以降，本書では，ゴール指向要求分析の研究分野で例題としてよく用いられる会議調整システムを例題として扱う。この会議調整に関するおもな要求は以下の通りである。

- 多数のメンバーが都合のよい日時と場所で参加できるような会議を調整したい。
- 会議は，発案されてからできるだけ早く調整されるべきである。
- 会議開催日時と開催場所は，調整後すみやかに参加の可能性のあるメンバーに通知されるべきである。
- 調整に要する負担は可能な限り小さくすべきである。

- 特にスケジューラーは参加者とのすべてのやり取り（開催案内の送付，回答受領のコミュニケーション，競合回避に関する調整，調整プロセスの状況通知など）を支援すべきである。
- 調整に際しては，メッセージの回数や量はできる限り小さいほうが望ましい。

● 権限のない参加者はほかの参加者の制約（スケジュール）や招待されている会議を知ることができない。

3.3 ゴールモデル

ゴール指向要求分析において中心的モデルとなるゴールモデルについて説明する。特に本節では，ゴールモデルの構成要素であるゴールについて中心に説明し，ゴールが扱う概念やゴールの分類についても言及する。

3.3.1 ゴールとは

先述したように，ゴール（goal）とは，開発するソフトウェアシステムが満足すべき宣言を指す。ここで，すべてのゴールを開発対象のシステム単体で満足しなければならないわけではなく，ほかのアクタとの協調により満足すべき宣言もゴールと呼ぶ。ゴール指向要求分析の世界では，ソフトウェア開発分野におけるアクタのことを**エージェント**（agent）[†]と呼ぶ。エージェントは，ゴール達成に対する責務を持つ能動的なコンポーネントを指す。

ここで重要なのは，ゴールは操作ではなく，満足すべき「宣言」を記述するものであるということである。ゴールは多くの場合において規範的（prescriptive）表現により記述される。規範的表現とは，「〜べきである」のような規則（規範）を記述するための表現法であり，要求の表現に適している。規範的表現の対義

[†] ここでのエージェントは自律ソフトウェアの意味ではなく，アクタ全般のことを指しているので注意が必要である。もちろん，自律ソフトウェアの意味のエージェントが，KAOSモデル上のエージェントにより表現されることもある。

語は，記述的（descriptive）表現である．記述的表現は「〜である」のような事実を記述するための表現法であり，システムが存在するドメインの制約などを示す記述に用いられる場合が多い．例えば，「会議は重要な参加者が全員参加できる日時に設定されるべきである」は規範的表現に基づいた記述であり，ゴールを表現している．一方で，「参加者はどの日時でも会議に参加できるわけではない」は記述的表現に基づいた記述であり，ドメインの制約を表している．

ゴールにはさまざまな粒度のものがある．粒度の荒いゴールは，ビジネス上の戦略など，大きな目標を記述したものである．例えば，会議調整システムにおける「効率的に会議が調整できる」や「重要な参加者が参加可能な会議を設定できる」[†1]は，抽象的で粒度の荒いゴールである．一方で，粒度の細かいゴールは，システム設計にも関連する具体的な目標を表現したものとなる．会議調整システムの例では，「参加者の予定が（システムに）送信されている」や「開催案内が参加者に通知されている」などのゴールはこの分類に属する．このような粒度の異なるさまざまなゴール間に潜む関係を明確化したものがゴールモデルとなる．このゴール間関係は，粒度の荒いゴールを粒度の細かいゴールに洗練化する関係とも解釈できるため，**洗練化リンク**（refinement links）[†2]とも呼ばれている．例えば，「効率的に会議が調整できる」というゴールを達成するためには，「重要な参加者が参加可能な会議を設定できる」というゴールを達成しなければならないかもしれない．この場合は，前者のゴールを洗練化した結果として，後者のゴールが導出されることとなる．多くの場合，1つのゴールは複数のゴールにより洗練化されることとなる．例えば，この場合，洗練化に

[†1] 先にも述べた通り，ゴールは規範的表現により記述されるものであり，厳密には，「効率的に会議が調整できるべきである」や「重要な参加者が参加可能な会議を設定できるべきである」が本来であれば正しい．ただし，ゴールモデルを記述する場合には，記述スペースの制約から表現が簡略化される場合が多い．これにより，ゴールと操作とが混同される場合が多いが，ゴールの定義を把握し，表現に惑わされることなく，記述が指し示す概念を理解することが重要である．

[†2] 洗練化リンクは，ゴールを粒度の細かいゴールに分解するという観点で，**分解リンク**（decomposition link）と呼ばれる場合がある．また，見方を変えると，粒度の細かいゴールが粒度の荒いゴールの達成を支援しているとも解釈することができることから，**貢献リンク**（contribution links）と呼ばれることもある．

より「参加者の調整コストが最小化されている」というゴールもあわせて導出されるであろう。「重要な参加者が参加可能な会議を設定できる」というゴールはさらに洗練化を進めることにより，参加者の予定が把握できていることが必要となり，結果として，先に挙げた「参加者の予定が（システムに）送信されている」などのゴールが導出されることとなる。

3.3.2 ゴールモデル

スライド 3.3 に，会議調整システムに対するゴールモデルの一例を示す。ここで，ゴール「重要な参加者が参加可能な会議を設定できる」に着目すると，このゴールを達成するためには，「重要な参加者が特定されている」「参加者の予定が把握できている」の双方のサブゴールを達成する必要がある。このようにゴールを達成するためにすべてのサブゴールの達成が必要な場合には，ゴールとサブゴール間の関係として **AND-洗練化リンク**を用いる。一方，「参加者の

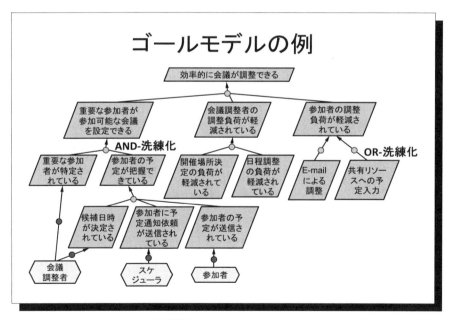

スライド 3.3　会議調整システムにおけるゴールモデルの一部

調整負荷が軽減されている」というゴールについては，「E-mail による調整」と「共有リソースへの予定入力」のいずれかのサブゴールが実現されることで達成できると考えられる．このように，サブゴールの少なくとも1つが達成できれば（親）ゴールが達成できる場合には，ゴールとサブゴール間に **OR-洗練化リンク**を定義する．

ゴールモデルでは，粒度の荒いゴールを分解することにより，粒度の細かいゴールに洗練化する．あわせて，前述の通り，各ゴールにはそれらを達成するエージェントが割り当てられる．再び，ゴール「重要な参加者が参加可能な会議を設定できる」に着目してみよう．このゴールを達成するためには，重要な参加者がだれであるかを会議の調整者が決める必要があり，また，重要な参加者達も各自の参加可能な日時を開催者に伝える必要がある．したがって，このゴールを達成するためには，「会議調整者」と「重要参加者」の複数のエージェントが関与しなければならない．一方で，このゴールを洗練化（分解）して生成されたサブゴール「重要な参加者が特定されている」については，会議調整者が重要な参加者を選択すれば達成することができる．したがって，ゴールの粒度が細かくなるにつれ，ゴール達成のために関与するエージェントは少なくなるといえる．

この性質から，ゴールモデルによる分析の終了条件の1つとして，洗練化後の各ゴールに割り当てられたエージェントの数を用いることができる．つまり，ゴール達成に複数のエージェントが必要であれば，さらに洗練化を進め，単体のエージェントが達成できる粒度のゴールにまで細分化すべきであるということである．スライド3.3においては，洗練化により生成された4つのゴールが単体のエージェントの責務として割り当てられているが，例えばゴール「日程調整の負荷が軽減されている」については，日程調整に携わると予想される会議調整者とスケジューラの責務が明確に分割されていない点から，さらなる洗練化が必要と判断できる．

さらに，エージェントは構築すべきシステム（system to be）と，作業員や他システムなどのシステムを取り巻く環境アクタ（environmental actors）に分

類することができる。KAOSでは構築すべきシステムに割り当てられたゴールを**要求**と呼び，環境アクタに割り当てられたゴールを**期待**と呼ぶ。つまり，ゴール指向要求分析は，ゴール達成の責務がシステムにあるのか環境内の特定のアクタにあるのかが判断できた段階でゴールの洗練化（分解）を終了し，その時点でシステムが責務を持つゴール群を要求として抽出する分析法なのである。

3.4 ゴールのタイプとカテゴリ

ゴールには大きく2つの軸による分類がある。1つは**ゴールタイプ**による分類であり，もう1つは**ゴールカテゴリ**による分類である。本節では，この2つの分類について説明する。

3.4.1 ゴールタイプ

ゴールのタイプには，大きく**振舞いゴール**と**ソフトゴール**とがある。

〔1〕 **振舞いゴール**（behavioral goals） システムの振舞いを定義するゴールであり，一般にエージェントが制御可能な状態の遷移により表現することができるゴールである。状態変数とその値により表現できることから，振舞いゴールは，達成条件が明確なゴールであるともいえる。このようなゴールは，操作モデルにおける操作やUMLにおけるユースケースに対応付けることができるものである。振舞いゴールについては，さらに達成状態の特性により，**Achieve**ゴールと**Maintain**ゴールに分類することができる[52]。

（1） **Achieve**ゴール：振舞いによって，将来いずれかの時点で達成すべき条件を記述したゴールである。Achieveゴールは一般に以下の形式により記述される。

- **Achieve[達成条件]**：（もし現在状態であれば）いずれ達成条件に到達する

現在状態は明示される場合と明示されない場合とがある。もし明示されている場合は，その状態にあるときに限り，Achieveゴールの達成を満足させればよい。

例えば，会議調整システムでは，つぎのような Achieve ゴールが考えられる。

例）会議調整システム

- Achieve[会議開催要求が満足される]：もし会議開催要求が発生すると，いずれ会議開催条件を満足する会議が開催される

Achieve ゴールの特殊形として，いずれ指定した条件を満たさなくなるような **Cease** ゴールを用いる場合もある。例えば，会議調整システムではつぎのような Cease ゴールも考えることができる。

例）会議調整システム

- Cease[会議に参加できない招待者が存在する]：会議開催日時や招待対象者を調整することで，いずれ会議に参加できない招待者は存在しなくなる

なお，Achieve ゴールや Cease ゴールは，P を現在状態，Q を達成状態とすると，2 章で紹介した時相論理記述を用いて以下のように記述できる。

$$\text{Achieve ゴール}: P \Rightarrow \Diamond Q, \quad \text{Cease ゴール}: P \Rightarrow \Diamond \neg Q$$

（2） **Maintain ゴール**：一方，Maintain ゴールは，つねに維持しておくべき状態を記述したゴールである。Maintain ゴールは一般に以下の形式により記述される。

- **Maintain[条件]**：（もし現在状態であれば）つねに条件が満足されている

会議調整システムでは，つぎのような Maintain ゴールが存在すると考えられる。

例）会議調整システム

- Maintain[参加者のスケジュールが守秘されている]：参加者のスケジュールはつねにほかの参加者から閲覧できない状態である

Maintain ゴールの特殊形として，つねに条件を達成しないような **Avoid** ゴールを用いる場合もある。上記の Maintain ゴールは，Avoid ゴールを用いるとつぎのように記述できる。

- Avoid[参加者のスケジュールが開示される]：参加者のスケジュールがほかの参加者に開示された状態となることはない

なお，MaintainゴールやAvoidゴールは，P を現在状態，Q を達成状態とすると，時相論理記述を用いて以下のように記述できる．

$$\text{Maintain ゴール：} P \Rightarrow \Box Q, \qquad \text{Avoid ゴール：} P \Rightarrow \Box \neg Q$$

〔2〕ソフトゴール（soft goals）　振舞いゴールと異なり，複数の代替可能な振舞いの中から好ましいものを選択する際の嗜好を記述するためのゴールである．したがって，振舞いゴールのような明確な達成基準を持つものではない．例えば，会議調整システムにおける「会議招待者とのやり取りは少なくすべきである」というゴールは，ソフトゴールとなる．この例が示すように，ソフトゴールはゴールの達成についての厳密な判断をするためのものではなく，複数の選択肢に対する選択指標を与えるものである．例えば，E-mailによる招待者とのやり取り（日程調整やリマインダの送付）と，Webアプリケーション上でのやり取り（希望日時入力やアジェンダの通知など）の選択肢があったときには，上述のソフトゴールは，後者のWebアプリケーションの採用を支持することとなる．

3.4.2　ゴールカテゴリ

もう1つのゴールの分類として，カテゴリによる分類が挙げられる．ゴールのカテゴリは大きく，**機能ゴール**（functional goals）と**非機能ゴール**（non-functional goals）の2つに分類される．機能ゴールとは，システムが提供するサービスの意図や目的を記述したものである．例えば，会議調整システムにおいては，会議の開催場所や日時を決定できるというゴールは機能ゴールに分類される．一方，非機能ゴールは，サービス提供時やシステム開発時の品質・制約を記述したものである．非機能ゴールの例としては，スケジュール決定までの参加者とのやり取りの最小化などが挙げられる．

スライド**3.4**にゴールの主要なカテゴリ[85]を示す．ゴールはまず，機能ゴー

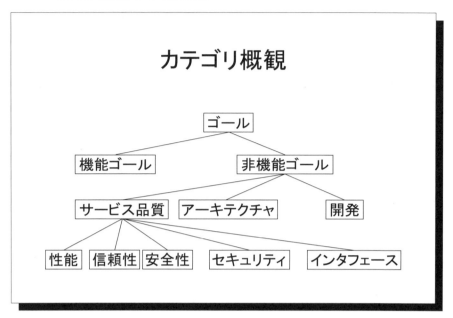

スライド 3.4　ゴールの主要なカテゴリ

ルと非機能ゴールに分類される。本スライドには示していないが，文献85) では，機能ゴールをさらに記述内容により，Satisfaction ゴール，Information ゴール，Stimulus-response ゴールに分類している。Satisfaction ゴールはエージェントからの要求を満足するためのゴールであり，Information ゴールはエージェントへの情報提供に関するゴール，Stimulus-response ゴールはイベントへの応答に関するゴールを指す。

　非機能ゴールについては，さらに多様な分類がなされている。まず，非機能ゴールは，サービス品質に関するものとして，性能，信頼性，安全性，セキュリティ，インタフェースに関するものなどが挙げられる。性能はさらに，計算時間，計算空間，コストに関するものに分類することができ，セキュリティは C.I.A. と呼ばれる3大要素，つまり機密性（confidentiality），完全性（integrity），可用性（availability）に分類される。ここで，機密性は正当な権限を持つもののみが情報にアクセスできる性質を，完全性は情報の改ざんや欠落がなく正確さ

を保っているという性質を，可用性は必要なときのみに情報にアクセスできる性質を指す。インタフェースについては，さらに，ユーザビリティや利便性，相互運用性などに分類することができる。サービス品質以外の非機能ゴールとして，システムアーキテクチャに関するものや，開発に関するものが挙げられる。システムアーキテクチャに関する非機能ゴールには，ソフトウェアの配置に関するものや，プラットフォームのバージョンに関するものなど，システムを環境に適合させる際のアーキテクチャ面での制約を表現したものが該当する。一方，開発に関する非機能ゴールには，コストや納期，可変性，保守性など，開発時の制約を表現したものが該当する。

ゴールのカテゴリはゴールのタイプと異なり，重複が許される。例えば，ゴール「参加者のスケジュールがほかの参加者に開示されることなくスケジュールが調整される」は，機能ゴールでもあり，機密性に関するソフトゴールでもある。

このようなゴールカテゴリは以下の局面で利用することができる。

- **ゴールの抽出漏れの発見**：要求記述（ここではゴールモデル内のゴール）が本来システムが関与すべきすべてのゴールカテゴリについて言及できているかをチェックすることで，ゴールの抽出漏れを検知できる場合がある。例えば，スケジュールという個人情報を扱う会議調整システムに対して，機密性やプライバシーに関するゴールが記述されていなければ，これらを追加する必要がある。

- **ゴール間の競合検出・解消**：カテゴリ間の負の関係を利用することで，ゴール間の競合を検出することができる。例えば，セキュリティとユーザビリティについてはトレードオフの関係があり，関連するゴール間で矛盾がないかをチェックすることで，ゴール間の競合を検出できる場合がある。検出した競合については，ソフトゴールで記述された非機能要求を参照することで，優先順位を判断し，競合を解決できる場合もある。

- **ゴールの詳細化**：カテゴリ固有のパターンやルールを利用することで，ゴールを詳細化することもできる。例えば，機密性に関するゴールでは，エージェント間で他エージェントの情報を保有することを避けるゴール

をサブゴールとして導出する場合が多い．

以上，本節ではゴールのタイプとカテゴリという2種類の分類法について紹介した．ゴールのタイプは，各ゴール記述の構造から一意に判断することができるが，一方のカテゴリについては，意味的な解釈が必要であり，単一ゴールが複数のカテゴリに属する場合も少なくない．これらの2種類の分類間には，暗黙的な関係も存在する．例えば，機能ゴールの多くはAchieveゴールであり，非機能ゴールの多くはMaintainゴールであるといえよう．また，開発に関する非機能ゴールや性能などは，ソフトゴールで表現される場合が多い．最後に，ソフトゴールと非機能ゴールについては，同一視あるいは混同されやすいので注意が必要である．前者がタイプによる分類，後者がカテゴリによる分類によるものであり，指し示す性質は異なる．

3.5 ゴールモデルの役割

では，ゴールモデルを構築することにはどのような意義があるのだろうか．要求工学におけるゴールモデルの役割には，以下のようなものがある．

- **要求記述の構造化**：ゴールモデルにおいては，ゴールはサブゴール群に詳細・洗練化される．この詳細化により，上位ゴールを満足するために必要な条件・状態が明確化される．
- **論理的根拠の導出**：ある要求の必要性が不明確であるときには，ゴールモデル上で関連するゴールを上にたどることで，その要求の必要性を把握することができる．
- **スコープの明確化**：ゴールを詳細化し，エージェントに責務を割り当てることで，構築対象ソフトウェアの責務，つまりソフトウェアが扱うべき要求の範囲を明確化させることができる．
- **充足可能性・完全性の論証手段**：ゴールはAND-洗練化あるいはOR-洗練化によりサブゴール群に詳細化されるが，この詳細化は充足可能性の論証に利用できる．つまり，サブゴール群（*Subgoal*）と，環境（ドメイン）

上の制約・状態記述の集合（Dom）に基づいて，親のゴール（$parentGoal$）を導出できるという論理的基盤をゴールモデルは提供している。これを論理式で記述すると以下の通りとなる。

$$Subgoal, Dom \models parentGoal \tag{3.1}$$

また，要求の完全性については，以下の論理式により確認することができる。

$$Req, Exp, Dom \models Goal \tag{3.2}$$

ここで，Req はゴールモデルにより対象システムに割り当てられたゴール，つまり要求群を指し，Exp は環境アクタに割り当てられたゴール，つまり期待群を指す。$Goal$ は達成すべきゴール群である。つまり，Req, Exp, Dom の要素により $Goal$ 内のすべてのゴールが導出可能であれば，Req は完全であるといえる。

- **要求間の競合検出**：要求間の競合は，一般に，各要求が関与するゴール間の競合によるものである。ゴールモデルを用いることにより，例えばカテゴリが共通するゴール群や，同一オブジェクトに関与するゴール群，特定のゴールタイプの組合せなどをチェックすることで，効果的にゴール間の競合を検出することができる。競合検出のための具体的なヒューリスティックは，van Lamsweerde 教授ら[86]によってまとめられている。

- **代替手段の検討基盤**：ゴールを詳細化する手段として AND-洗練化と OR-洗練化の 2 種類があるが，OR-洗練化を用いることで，親ゴール達成のための複数の代替サブゴールを記述することができる。この代替サブゴールは，一方のゴールがなんらかの理由で達成できなくなったときの代替として利用できる。また，ゴール間の競合を検出した際の解消法として利用することもできる。あるいは，ソフトゴールによる嗜好の提示に対して，適切なサブゴールを選ぶこともできる。

- **エージェント間依存関係の分析支援**：KAOS と並んで代表的なゴール指向要求分析法 i*[130] では，ゴール間の関係とゴール–エージェント間の

- **トレーサビリティの管理と進化時の支援**：ソフトウェア工学の分野では，ソフトウェアの機能拡張のことを，生物の進化になぞらえて，**ソフトウェア進化**（software evolution）あるいは単に**進化**（evolution）と呼ぶ。ゴールモデルによりゴール間の関係を定義しておくことで，要求の一部が変化することによるソフトウェア進化を扱う場合にも，ゴールモデル内で変更の影響範囲を同定することが可能となる。この要求変更の影響範囲の同定は，ソフトウェア進化においても，設計・実装の変化およびその影響を同定するにあたって重要となり，このような変更の伝播を実現するために重要となるのが追跡可能性，つまり**トレーサビリティ**（traceability）である。特にKAOSのようにゴールと操作，オブジェクトを関連付けておくと，要求記述から設計文書への追跡が容易となる。

以上の役割を概観すると，ゴールモデルは，要求工学における主要な活動の大部分を支援するとともに，競合検出や要求の完全性などの形式的検証を実現するための論理的基盤の役割も果たしていることがわかる。

3.6　形式的アプローチ

ゴールモデルはゴール間の関係を定義することで要求記述を構造化したモデルである。この構造化された要素間関係を利用し，各要素の記述を形式化することで，さまざまな形式的アプローチの適用が可能となる。本節では，ゴールモデルにおける形式的アプローチとして，まずゴール洗練化の意味論を示し，続いて，いくつかの洗練パターンを紹介する。

3.6.1　ゴール洗練化の意味論

ゴールモデルは，概念的・戦略的なゴールを具体的なゴールへと洗練化（細分化）した過程を関係として記述したモデルである。このゴールの洗練化に関して，Darimont[53]は以下の意味論を定義している。

$$G_1, \cdots, G_n, Dom \models G \qquad \cdots \text{① 完全性}$$
$$\wedge_{i \neq j} G_j, Dom \not\models G \quad \text{for each } i \in [1..n] \qquad \cdots \text{② 最小性}$$
$$G_1, \cdots, G_n, Dom \not\models false \qquad \cdots \text{③ 一貫性}$$

ここで，集合 $G_1, \cdots, G_n$ は G の洗練化により生じたサブゴールの集合であり，Dom は対象とするドメインの制約や状態記述の集合である．①の完全性（completeness）は，洗練化により抽出されたゴールにより上位ゴールが満足されるという性質であり[†1]，②の最小性（minimality）により，抽出されるゴールが上位ゴールの達成に対して必要最小限のものであることが保証される．③の一貫性（consistency）は，抽出されるゴール群とドメイン間に矛盾がないことを示す性質である[†2]．各洗練化に対してこれらの性質が満たされることを示すことができれば，正しいゴールモデルが構築されていることが確認できるのである．

3.6.2 洗練パターン

3.6.1 項の 3 つの性質が満たされていることを厳密に確認（検証）する手段としては，定理証明などの各種の形式的な手法が知られている．しかし，厳密な検証を実現するには，厳密にゴールを記述する必要があるとともに，検証に十分な Dom を用意する必要があるなど，多くの場合，膨大なコストを要することとなる．これに対して，軽量な検証を目的とした**洗練パターン**（refinement pattern）が提案されている．洗練パターンのアイデアは，すでに 3.6.1 項の性質が満たされることが確認されたパターンを利用し，このパターンに基づいてゴールを洗練化すれば，正しいゴールモデルが得られるというものである．このアイデアは，類似の方針に基づいたゴールの洗練化は少なくないという前提に基づいている．

[†1] じつは，3.5 節の「充足可能性・完全性の論証手段」の項目において，充足可能性の論証の手段として紹介した論理式がこれに該当する．

[†2] 無矛盾性とも呼ばれる．

現在までにいくつかの洗練パターンが提案されている。スライド **3.5** は，Milestone-driven 洗練パターンと Guard-introduction 洗練パターンの形式的な表現である。例えば，Milestone-driven 洗練パターンは，「C が成り立つなら，いずれ T が成り立つ $(C \Rightarrow \Diamond T)$」という Achieve ゴールに対して，中間的な目標 M（マイルストーン）を設定することで，「C が成り立つなら，いずれ M が成り立つ $(C \Rightarrow \Diamond M)$」と「$M$ が成り立つなら，いずれ T が成り立つ $(M \Rightarrow \Diamond T)$」という2つのサブゴールに分割（洗練化）する手段をパターンとして明示化したものである。また，Guard-introduction 洗練パターンは，目標状態に到達する前に必ず達成する必要のあるガード条件 D を設定し，「C が成り立つなら，いずれ T が成り立つ $(C \Rightarrow \Diamond T)$」という Achieve ゴールを，「$C$ と D が同時に成り立つなら，いずれ T が成り立つ $(C \wedge D \Rightarrow \Diamond T)$」「$C$ が成り立つなら，いずれ D が成り立つ $(C \Rightarrow \Diamond D)$」「$C$ が成り立つなら，少なくとも T が成り立つまでは C が成り立つ $(C \Rightarrow C \: \mathbf{W} \: T)$」の3つのサブゴール

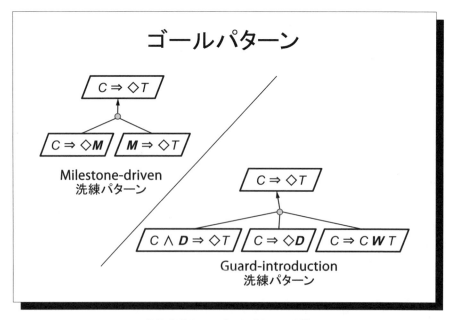

スライド **3.5** ゴールパターンの例

に分割するパターンである[†]。

ここで、会議調整システムの例におけるスライド 3.6 左上のゴール洗練化について考えてみよう。この例では、ゴール「重要な参加者の会議参加が確認されている」を 2 つのサブゴール「重要な参加者に開催案内が送付されている」「重要な参加者の予定が返信されている」に洗練化している。この洗練化は一見正しいようにも思えるが、これを形式的に記述すると、スライド 3.6 右下のように記述することができる。ここで、変数 p は参加者を、m は対象とする会議を表す変数である。また、述語 $\text{important}(p, m)$ は参加者 p が会議 m において重要な参加者であるときに真となる述語であり、述語 $\text{confirmed}(p, m)$ は参加者 p が会議 m に参加できることが確認できたとき、述語 $\text{invited}(p, m)$ は参加者 p が会議 m に招待されたとき、述語 $\text{convenient}(p, m)$ は参加者 p が会議

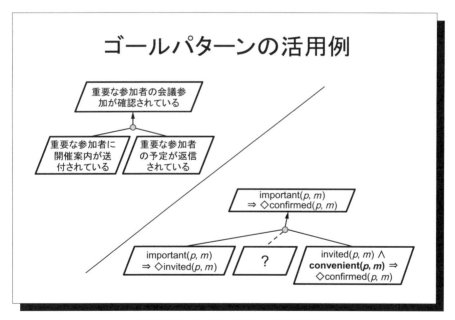

スライド 3.6　ゴールパターンの活用例

[†] $C \, W \, T$ における W は、T がいずれ真になる場合は T が真になるまで C が真であり、T が真にならない場合はつねに C が真であることを表す時相演算子である。

m への参加に対して都合を付けることができるときにそれぞれ真となる述語である.

本ゴール断片は Milestone-driven 洗練パターンに従った洗練化と考えられるが,サブゴール「重要な参加者の予定が返信されている」を形式化することで,このサブゴールを実現するためには,前提条件 convenient(p, m) が必要であることがわかる.しかしながら,Milestone-driven 洗練パターンと対応付けると,convenient(p, m) を帰結部に持つサブゴールが必要であり,本例の洗練化においては,必要なサブゴールを抽出できていないことがわかる.この例においては,同参加者が会議 m の開催時刻に都合を付けることができることを確認するゴールを追加するとともに,都合が付かない場合の対処に関するゴールも追加する必要があると考えられる.

このように,ゴールを形式的に記述することで,要求分析時の漏れを防ぐことや,与えられた要求を満足できるかどうかの検証,要求間の競合の検出が可能となる.ゴールの形式化や検証にはコストを要するが,パターンはこのような形式化や検証に対するコストを軽減するものである.パターンはまた,分析者に洗練化の選択肢を提供するという点でも重要な意味を持つ.ゴールパターンにはほかにも,目標状態に到達するパスが複数ある場合に適用可能な Decomposition-by-cases 洗練パターンや,Maintain ゴールにおいて維持すべきよい状態が複数ある場合に適用可能な Divide-and-conquer 洗練パターンなど,いくつかのものが提案されている.これらのパターンは,Darimont らの論文[54] や van Lamsweerde 教授の書籍[85] にまとめられている.

3.7 そのほかのゴール指向要求分析法

本章ではこれまでに,KAOS を例にゴール指向要求分析法とゴールモデルについて説明してきた.ゴール指向要求分析法には,KAOS のほかにもいくつかの分析法が存在する.代表的なものとして,初期要求フェーズに着目した **i***,非機能要求に着目した **NFR** フレームワークが知られている.本節では,この

2つのゴール指向要求分析法について簡単に紹介する。

3.7.1 i*

i*[130]（アイ・スターと読む）は，KAOSよりもさらに初期段階の要求フェーズに着目したゴール指向要求分析法である．i*が対象とする初期要求フェーズでは，KAOSが扱う要求の完全性や一貫性（無矛盾性）の検証などではなく，システムが達成すべきゴールと各組織のゴールとの整合性や，システムが必要な理由，多様なステークホルダのための代替案の提示，ステークホルダの関心事の把握などを活動内容とするフェーズである．KAOSもシステムの構築理由などをゴールモデル上に記載するが，i*では特に，ステークホルダの関心事の把握も包含しているところが特徴的である．したがって，KAOSよりもWhyの分析に焦点を当てた要求分析法であるといえる．

i*には，アクタ間の依存関係を分析，記述するための **SD**（Strategic Dependency）**モデル**と，アクタの関心事を分析，記述するための **SR**（Strategic Rationale）**モデル**の2つのモデルが用意されている．SDモデルは，システムを導入する前後のアクタ間の依存関係を記述することで，システム導入後の効果を可視化することができるモデルである．i*では，まず，構築すべきシステムが存在しない状態でのSDモデルを記述し，アクタ間の依存関係を把握する．その後，構築すべきシステムを追加した状態でのSDモデルを記述することで，アクタ間の依存関係の変化を分析する．i*では，**受益者**（depender）がゴールの達成やタスクの実行，リソース（資源）の獲得などを**提供者**（dependee）に依存するときに，アクタ間の依存関係を定義する．

スライド3.7は，i*の原著[130]に記載されている会議調整システムを導入した場合のSDモデルの記述例である．この例では，（会議）発案者と会議調整システムの2つのアクタ間に，ゴール「開催日時が調整できる（m）」に関する依存関係が定義されている．これは，会議mの開催日時が調整できるというゴールの達成に関して，発案者アクタが会議調整システムアクタに依存していることを表現している．また，この例では，会議調整システムと（会議）参加者の

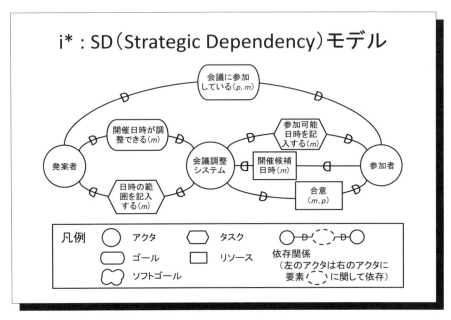

スライド 3.7　会議調整システム導入後の SD モデル例

2つのアクタ間にも「会議候補日時 (m)」や会議開催の「合意 (m, p)」リソースの依存関係が記述されている．見方を変えると，これらは会議調整システムの存在により，会議発案者の開催日時調整に関する業務が軽減されていることを表現していると読み取ることができる．ここでは会議調整システムが存在する前，つまり現状の SD モデルを割愛しているが，i*を用いた分析では，このシステム導入前後のモデルを比較することで，システム導入の効果を把握することができる．システム導入前の SD モデルも i*の原著[130]に記載されているので，興味のある読者は確認するとよい．

　SD モデルで記述された依存関係を，さらに各アクタ単位で，なにを，なぜ，どのように達成するのかについて詳細化したモデルが SR モデルになる．SR モデルでは，タスクを，詳細なタスクやゴール，ソフトゴール，リソースに分解（AND 分解）する**タスク分解リンク**や，タスクからゴールやサブゴール，リソースに向かう**手段目的リンク**，さらにソフトゴールに対しての影響（＋か－で表

現）を示す**貢献**リンクが関係として追加される。ここで，手段目的リンクは，手段（タスク）がどのような目的（ゴール，ソフトゴール，リソース）のために実行されるのかを示した関係である。

スライド 3.8 は，会議調整システムを導入した場合の SR モデルの記述例である。この例では，発案者のタスク「会議を運営する」は，タスク分解リンクにより，ゴール「開催日時が調整できる」と2つのサブゴール「迅速に（調整できる）」「手間を少なく（調整できる）」に分解されている。また，ゴール「開催日時が調整できる」を実現するために，2つのタスク「（自力で）開催日時を調整する」と「会議調整システムに調整を委譲する」からの手段目的リンクが定義されている。本例では，いずれかのタスクを選択すればゴールが達成できることを表す，代替案の提示（OR-関係）として記述されている。

このように，本例ではゴール達成のために2つの案（タスク）が存在しているが，では，どちらのタスクを選択すればよいであろうか。この判断には貢献

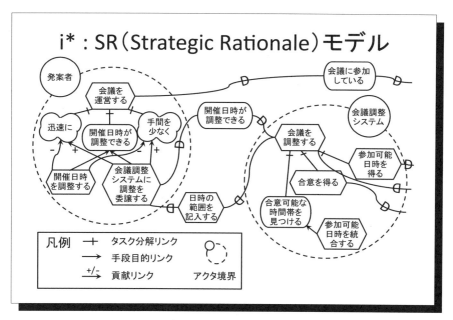

スライド 3.8 会議調整システム導入後の SR モデル例

リンクが利用できる。貢献リンクはソフトゴールへの影響を表したものである。本例では，「迅速に」と「手間を少なく」の2つのソフトゴールいずれに対しても，タスク「会議調整システムに調整を委譲する」が有効である（+の貢献を与えている）ことがわかるため，発案者の立場からは，会議調整システムの利用を選択すべきであることが判断できる。このように，i*は各アクタ（ステークホルダ）の観点から，システム導入の意義を段階的に判断することができる分析法である。

以上をまとめると，KAOSでは，ゴール間の関係を分析者が整理したトップダウンの記述スタイルをとり，おもに競合の検出や分解の妥当性および完全性についての判断にゴールモデルを利用するアプローチがとられていたが，i*は，システム導入の判断を含めた初期要求フェーズの分析を目的とし，各アクタ（ステークホルダ）の意思やアクタ間の依存関係の分析，明示化を目指した分析法であるといえる。

3.7.2 NFR フレームワーク

KAOS，i*はソフトウェアの機能を表す機能要求の観点からゴールモデルを展開し，分析を進める要求分析法である。一方で，非機能要求に着目したゴール指向の要求分析法として，Mylopoulosらが提案した**NFR フレームワーク**[96),97]がある。NFR フレークワークは，非機能要求をソフトゴールで表現し，非機能要求の満足関係を階層化することで，最終的に機能要求を抽出する分析法である。3.4節で述べた通り，ソフトゴールは曖昧な達成条件を記述するゴールであり，非機能要求の記述に適したゴールである。NFR フレームワークでは，分析過程において以下の3種類のゴールを扱う。

- **非機能ゴール**（NonFunctional Requirements goals：NFR goals）：非機能要求を表現するゴールであり，ソフトゴールにより表現する。
- **満足化ゴール**（satisficing goals）：非機能ゴールを満足させるためのゴール。
- **論証ゴール**（argumentation goals）：意思決定の根拠を表現するゴール。

NFR フレームワークの分析手順は以下の通りである。

1. システムに関連する非機能ゴールを列挙する。
2. 手順1で列挙した各非機能ゴールを洗練化し，それぞれに対するツリーを個別に作成する。もし，非機能ゴール間に関係があれば，ツリー間に関係を追加する。
3. ツリー末端の非機能ゴールを達成する満足化ゴールを追加する。満足化ゴールは機能ゴールに該当し，同時にこの満足化ゴールの定義は操作の定義にも該当する。必要に応じて，ゴールやゴール間の関係に対して，根拠としての論証ゴールを追加する。
4. 対象システムに採用する機能を選択し，非機能ゴールの達成度を評価する。手順3までで NFR フレームワークにおけるゴールモデルが完成するので，同ゴールモデル上で，対象システムに採用する機能を選択する。機能は満足化ゴールに対応するため，この機能の選択は，採用する論証ゴール，満足化ゴールへのラベル付与が該当する。NFR フレームワークにはこのラベルとして，S（満足），D（否定），C（対立），U（未決定）の4種類が用意されている。付与したラベルをゴール間の関係により，上位ゴール，つまり非機能ゴールに伝播させ，最終的にラベルの伝播状況で非機能要求の達成度を判断する。

スライド 3.9 は，会議調整システムに対する NFR フレームワークの適用例である。Mylopoulos らの原著[96]では各ゴールの引数などを形式的に定義しているが，ここでは簡略化して説明する。この例では，「手間が少ない」という非機能ゴールを洗練化した分析結果を中心に記載している。この非機能ゴールは，会議調整者と会議参加者の手間の観点から分解されている。調整者の手間については，開催場所選定の手間とスケジュール調整の手間の観点からさらに分解され，このうち，スケジュール調整やスケジュール連絡の手間に関しては，「メールによる調整」「共有カレンダーへの予定入力」，および「会議調整システムによる調整」などにより満足（あるいは否定）されると考えられるため，これらを満足化ゴールとして記述している。開催場所選定の手間については，別

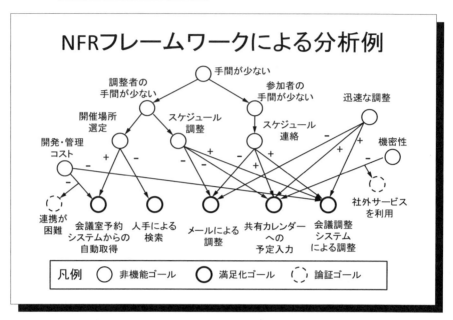

スライド 3.9　NFR フレームワークを用いた会議調整システムの分析例

システムである会議室予約システムからの情報入手による選定や，人手による会議室スケジュール検索による選定が満足化ゴールとして定義されている。これらの満足化ゴールに対して，手間に関連する非機能ゴールやそのほかの非機能ゴールからの関係を，+/− で表現される貢献度リンクにより明示している。一部の貢献度リンクには論証ゴールも追加されている。

このゴールモデルに対して，選択する機能に対応する満足化ゴールにラベルを付与し，伝播させることで，非機能ゴールの満足度を判断する。例えば，満足化ゴール「会議調整システムによる調整」と「人手による検索」に S（満足）のラベルを付与し，それ以外の満足化ゴールに D（否定）ラベルを付与した場合には，非機能ゴール「手間が少ない」と「迅速な調整」「機密性」についてはおおむね満足されることとなる[†]。

[†] 厳密な NFR フレームワークには，貢献リンクにも複数の種類があり，未決定の U ラベルにも U^+ と U^- が用意されているため，同モデルの厳密な記述や分析者の判断によりラベルの伝播結果は異なることとなる。

このように，NFR フレークワークは，非機能要求の観点で分析を進めることで，システムに必要な機能を決定する分析法である．機能的側面からの分析については，非機能要求，つまりシステムに必要な特性に対する分析が漏れる可能性があることが指摘されており，非機能要求の観点で分析を進める NFR フレームワークは，システム特性に対する分析漏れを防ぐ役割も持っているといえる．

3.8 ゴール指向要求工学と自律ソフトウェアとの関係

では，これまでに述べたようなゴール指向要求工学は，自律ソフトウェア開発にどのように関わっているのであろうか．KAOS においてアクタに該当する概念をエージェントと呼んでいたように，じつは自律ソフトウェアの代表といえるエージェントとゴールとは高い親和性を持っている．実際に，1990 年代後半に登場したエージェント指向ソフトウェア工学（Agent-Oriented Software Engineering：AOSE）[129] 分野で提唱された開発方法論において，ゴール指向要求分析法と密接な関係を持つ方法論は少なくない．本節では，代表的なエージェント指向開発方法論である Gaia と Tropos について概観し，ゴール指向要求工学とエージェントとの関係について言及する．

3.8.1 Gaia

Gaia[131] は，当初 Wooldridge と Jennings によって提唱され，その後 Zambonelli も加わって改訂された代表的な初期のエージェント指向開発方法論である．Gaia はおもにマルチエージェントシステム開発の分析フェーズに焦点を当てた方法論であり，その後 Gaia をベースに多くの開発方法論が提案されている．**スライド 3.10** に Gaia のメタモデルを示す．Gaia は分析フェーズに焦点を当てているため，エージェント自体ではなく，エージェントに割り当てられる**ロール**（role，役割）と，ロール間の**インタラクション**（interaction）の同

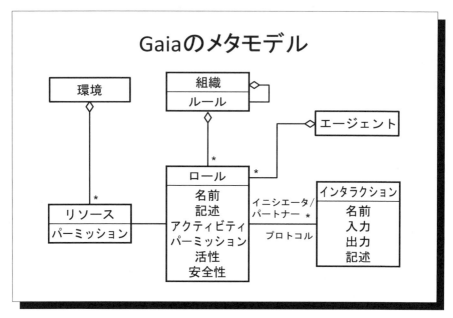

スライド 3.10　Gaia のメタモデル

定，詳細化に特に力を入れている[†]。また，マルチエージェントシステムの特徴である**組織**（organization）の同定を分析フェーズのおもなアクティビティとして定義した点も当時では画期的であった。

　Gaia では実質的に詳細設計や実装フェーズ，要求分析フェーズについての明確なサポートがないため，関連研究によりいくつかの拡張がなされている。例えば筆者らの研究[102]では，分析フェーズでのロールモデルの構築や，組織モデルの構築を支援することを目的として，KAOS によるゴール指向要求分析を想定した，Gaia 分析フェーズへのモデル変換法を提案している。ROADMAP[76]も同様に，Gaia でサポートされていない要求分析フェーズを扱うために Gaia を拡張した方法論である。初期の ROADMAP では，要求記述にユースケースモデルを用いていたが，ユースケースでは，システムの境界を定義する点とユーザの視点からの抽象化となる点で，複数の自律的なアクタが存在するマルチエー

[†] ロールとインタラクションの分析結果は，後継フェーズでのエージェント設計時に利用される。

ジェントシステムにおける記述が難しいことから，その後の改良版[83]ではゴールモデルを記述できるよう拡張されている。

3.8.2 Tropos

Tropos[44]はマルチエージェントシステム構築のための開発方法論であり，当時代表的なエージェント指向開発方法論であった Gaia が分析・設計フェーズをカバーしていたことに対して，要求分析フェーズと実装フェーズを含めた方法論であることが特徴的であった。特に要求分析フェーズにおいては，3.7.1項で紹介したゴール指向要求分析法 i* を利用して，エージェント間の依存関係の同定を支援している。**スライド 3.11** は Tropos のメタモデルであるが，このメタモデルからも，Tropos においてはゴールがモデルの中心的な要素として位置付けられていることがわかる。

Tropos では要求分析フェーズを初期要求分析フェーズと後期要求分析フェー

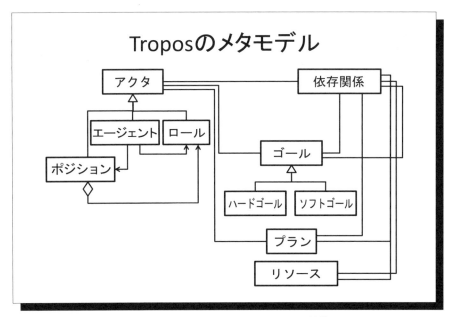

スライド **3.11** Tropos のメタモデル[119]

ズに分け,前者ではステークホルダ(アクタ)とゴール,プラン,リソースの同定を,後者では,開発対象システム(system-to-be)を導入したときの他アクタとの依存関係の明確化を分析の目的として位置付けている。この2つのフェーズを通してi*が利用されているが,i*により定義されたゴールやアクタ,プラン間の関係は,以降のフェーズにおける設計,実装の拠り所として利用されることとなる。Tropos においては BDI エージェントの実装を想定しているが,このようなゴールとプランとの関係が後継フェーズでも有効に活用されているのである。

なお,Tropos については,現在も同研究グループによる拡張が続けられている。例えばセキュリティ要求の獲得,分析に特化した SecureTropos[95] などが提案され,また,4章で紹介する自己適応システムに対しても Tropos を用いた構築手法[94]が提案されている。

以上,本節では,代表的なエージェント指向開発方法論である Gaia と Tropos を例に挙げ,ゴール指向要求工学とエージェント技術との関係を見てきた。ゴールの概念は,MaSE[56] や Prometheus[109] などほかの多くのエージェント指向開発方法論においてもモデリング要素として用意されている。ゴール指向要求分析においては,システムの分析に対してゴールを中心として要求の詳細化を進め,その後ゴール達成の責務を持つアクタ(エージェント)を決定するが,一方のエージェント指向のソフトウェア開発手法においては,モデリングの主体はエージェント側にあり,各エージェントの戦略や意図がゴールにより表現されるという意味合いが強くなっている。このように,分析手順こそ異なるが,いずれもゴールとエージェントとの関係がシステム設計に大きく関わっており,その意味で共通点は多い。ゴール指向要求分析法や要求工学が大規模プロジェクトの失敗により注目されはじめた一方で,エージェントシステム(特にマルチエージェントシステム)が大規模・複雑化するシステムの実現法として着目されはじめたように,そもそもの両者の歴史的背景,本質的な目的は類似しているのである。

最後に,4章で紹介する自己適応システムは,エージェント技術の適用分野

の1つとして現在大きく期待されている.その一方で,ソフトウェア工学の観点からは,自己適応システム実現のための要素技術の1つとしてゴールモデルが着目されている.このことからも,双方の技術は今後も高い関連性を持ち続けることが予想される.

3.9 応用事例：ソフトウェア変更の局所化

ゴール指向要求工学は,現在ではソフトウェア開発のさまざまな局面で着目されている.本章では最後に,ゴール指向要求工学における1つの応用事例として,ソフトウェア変更の局所化にゴールモデルを利用した筆者らの取組み[101]を紹介する.

現在ではソフトウェアの活躍する場面が広がり,ソフトウェアシステムは,組込みシステムや携帯端末,Webアプリケーションのようにわれわれの身近においても生活を支える存在となっている.これらのソフトウェアの多くは実世界の事象を扱うものであり,多様な環境下での動作や,ユーザ要求の変化への柔軟な対応が期待されている.従来より,ソフトウェアの振舞い（仕様）とソフトウェアに対する要求については,ZaveとJacksonの以下の関係式が知られている[132].

$$S, W \models R \tag{3.3}$$

式(3.3)において,Sは構築するソフトウェアの仕様であり,Wはソフトウェアを取り巻く環境の状態を,Rはソフトウェアに対する要求を指す.つまり,ソフトウェアは,環境Wに対して,求められる状態Rに到達する（Rを導出できる）ような状態遷移を与える振舞いSを持つべきであることを意味している.近年では,ソフトウェアが置かれる環境の多様化（Wの変化）やユーザ要求の変化（Rの変化）への柔軟な対応が求められており,ZaveとJacksonの関係式を拡張してソフトウェアを扱うことが必要となってきている[47].例えば,Rの変化（$R \Rightarrow R'$）に対して,R'を満足するようにSをS'に置き換えるソ

フトウェアの変更行為は，**ソフトウェア進化**と呼ばれている．

$$S, W \models R \quad \Rightarrow \quad S', W \models R' \tag{3.4}$$

ソフトウェア進化とは，ソフトウェア保守行為の一種であるが，従来のバグ対応のような受動的な保守ではなく，機能追加などの積極的な変更を指すために近年特に着目されている行為である[†1]．

3.9.1 アプローチ

ソフトウェア進化を扱う場合，式 (3.4) のように S を S' に置き換える行為が必要となる．ここで重要なのは，単に変更後の S' だけを考えればよいのではなく，既存の S に対していかに小さい差分により S' を用意できるかということである[†2]．このためには，S に対する変更影響の局所化が有効である．ここでは，S の変更影響を局所化するために，S の構成要素を独立性の高いモジュール，つまり依存関係を極力排除したモジュールとして設計することを考え，制御分野で利用されている**制御ループ**（Control loop）[57] に着目する．Control loop とは，環境情報の**収集**（Collect），得られた情報からの現状の**分析**（Analyze），つぎに実行すべきアクションの**決定**（Decide），選択されたアクションの**実行**（Act）といった一連の制御動作を独立して提供可能な実行単位であり，独立性の高い Control loop を複数組み合わせてシステムを構築することで，S における変更影響の局所化が期待できる．

3.9.2 ゴールモデルの整形

では，どのように S の構成要素，つまり Control loop 群を決定すればよい

[†1] 一方，W の変化 ($W \Rightarrow W'$) に対して，W' のもとでも R を達成できるように振舞いを S から S' に変化させる行為は，**適応**（adaptation）と呼ばれる ($S, W \models R \Rightarrow S', W' \models R$)．この適応に対しては，近年では開発者が介在することなく，W の変化をソフトウェア自身が検知し，自ら振舞いを変化させることが求められている．このような適応を実現するソフトウェアは**自己適応システム**と呼ばれ，近年その実現方法が活発に研究されている．自己適応システムの詳細については 4 章を参照されたい．

[†2] この差分を ΔS とする（$S + \Delta S \Rightarrow S'$）．

のであろうか。ソフトウェア進化の場合には，要求 R の変化がソフトウェア仕様 S の変化を駆動するといえる。したがって，ここでは R の記述を整形することで Control loop 群を決定することとする。この手法では，まず要求 R をゴールモデル上に記述し，その後整形プロセスに従ってゴールモデルを変形することで，複数の Control loop をゴールモデルから抽出する。本章でこれまでに述べたように，ゴールモデルはシステムに対する要求を記述し，システムが達成すべき状態に順次分解（洗練化）することで，要求と状態とを体系的に構造化するモデルである。状態の遷移はシステム（つまり S）により実現されるため，ゴールモデル整形により抽出された Control loop は S の構成要素と関連付けることができる。**スライド 3.12** はゴールモデル整形プロセスの概要である。本整形プロセスでは，まずステップ 1 でゴールとエンティティとの関係を明示化する。このエンティティとの関係は，環境との作用を明確化するものであり，後続の Control loop の判定に利用される。ステップ 2 で Control loop を

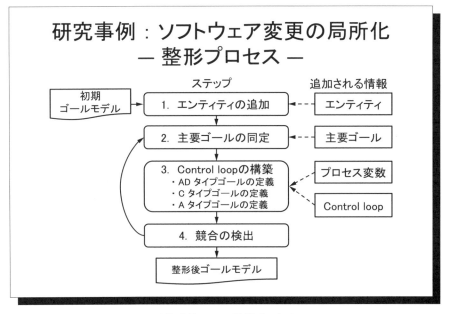

スライド **3.12**　整形プロセス

形成可能な箇所を判断し，ステップ3でスライド **3.13** に示した Control loop パターンに合致するようにゴールモデルを整形する．ここまででゴールモデル中に Control loop が複数出現することになるが，ステップ4により Control loop 間で発生しうる競合を Control loop の統合や追加により解消することで，最終的に該当ソフトウェアに必要な Control loop 群を同定する．

スライド 3.14 は，清掃ロボットに関するゴールモデルの例である．このゴールモデルに対して整形プロセスを適用した結果を**スライド 3.15** に示す．本例では，与えられた要求に対して，ごみ清掃，バッテリー管理，目標物への移動に関する3つの Control loop が抽出され，それぞれをモジュールとして構築することにより，要求の変更があったとしても，設計・実装時に変更影響を受けにくいソフトウェア開発が可能となることがわかる．なお，ソフトウェア進化を考える場合，要求の変化（$R \Rightarrow R'$）が前提にあるが，R と R' に対してそれぞれゴールモデルを構築し，整形後に得られる S と S' の差分（各 Control loop

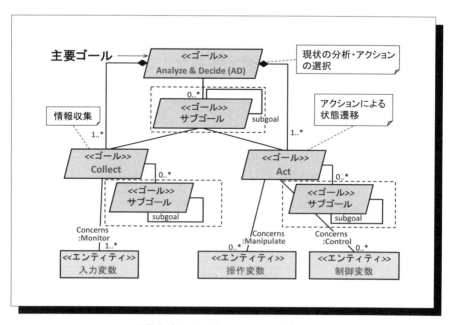

スライド **3.13**　Control loop パターン

3.9 応用事例：ソフトウェア変更の局所化　　99

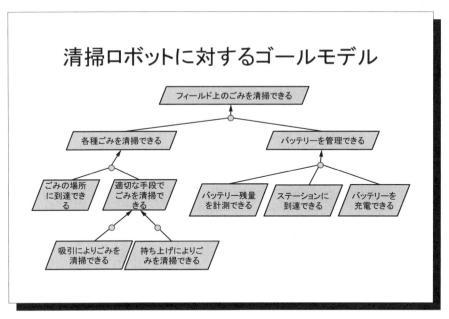

スライド 3.14　清掃ロボットに対するゴールモデル

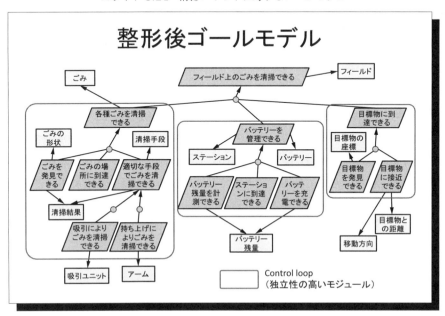

スライド 3.15　整形後の清掃ロボットに対するゴールモデル

群の差分）をとることで，変更影響が局所化された ΔS を得ることができる。

以上，本節では，ゴール指向要求分析に関する研究動向として，近年注目されているソフトウェア進化に対する筆者らの取組みを概説した。近年では特にWeb アプリケーション分野において継続的なソフトウェア進化（continuous software evolution）が望まれており，本研究のような，要求記述と後継フェーズとの連携や，影響範囲を限定する手法がおおいに期待されている。

3.10 ま と め

本章では，従来のソフトウェア開発時だけでなく，自律ソフトウェア構築においても重要な役割を果たすゴール指向要求工学について説明した。通常のソフトウェア開発においては，ゴールが明確化されることにより，開発対象や目的を明確に定義することができる。自律ソフトウェアにおいては，さらに，システムが実行中に管理すべきゴールの設計にも同様の分析法を適用することができる。ゴールモデルによる代替案の発見や評価は，通常のソフトウェア開発においては設計時になされるものであるが，自律ソフトウェアにおいては，システム自身が代替案を評価する際にも論理的な基盤となる。実行時のゴールの管理や評価は，自律ソフトウェアに求められる中心的な要件の1つであり，設計時の正確なゴールの定義や設計は，自律ソフトウェア開発の成否を握るといっても過言ではない。

次章で紹介する自己適応システムにおいても，ゴールモデルは重要な要素技術として位置付けられている。これまではゴールモデルは分析者や設計者が用いるモデル，あるいはツールであったが，今後は自律ソフトウェアが実行時に管理すべきモデルとしても発展することは間違いない。

4章 自己適応システム

◆本章のテーマ

近年，自律ソフトウェアの一種として，自己適応システムに対する期待が高まっている．自己適応システムとは，環境の変化を検知し，必要に応じて自分自身を再構成することによって環境の変化に適応しようとするシステムを指す．自己適応システムの実現のために，エージェント技術や3章で学んだゴール指向要求工学など，各分野の研究成果の融合が試みられている．本章では，この自己適応システムに対する基本概念を概観し，各分野のアプローチと技術動向，現段階での実現法について紹介する．

◆本章の構成（キーワード）

4.1 はじめに：自己適応システムとは
4.2 自己適応システムの定義
4.3 自己適応システムの位置付け
  self-*システム，オートノミックコンピューティング
4.4 自己適応システムの分類
  弱適応，強適応，内部／外部アプローチ，適応の開閉
4.5 主要モデル
  MAPEループ，3層アーキテクチャ
4.6 自己適応システムとエージェントとの関係
  モデルの類似性，センサとエフェクタ
4.7 ソフトウェア工学分野からのアプローチ
  ソフトウェアコンポーネント，要求監視，動的検証
4.8 ケーススタディ：FUSION
  フレームワーク，フィーチャ，オンライン学習
4.9 ケーススタディ：Zanshin
  フレームワーク，ゴールモデル，要求監視
4.10 まとめ

◆本章を学ぶと以下の内容をマスターできます

- ☞ 自己適応システムの基本概念・種類
- ☞ 自己適応システムの主要モデル
- ☞ 自己適応システムの構築法

4.1 はじめに：自己適応システムとは

ソフトウェアを取り巻く環境が変化する場合，通常，あらゆる環境変化を想定した処理継続の仕組みが必要となる。このとき，ソフトウェアの実行中に人手で変化の原因を分析し，現在の環境にふさわしいシステム構成に変更することは現実的ではない。これを避けるためには，管理の複雑さの軽減や，管理の自動化，ロバスト性の向上などが必要となる。

例えば近年では，アクセス数の急激な変動に応じてシステム構成を動的に変更する必要があるクラウドコンピューティング分野や，環境の変化に能動的に対応する必要のあるユビキタスコンピューティング分野におけるソフトウェアが増加している。環境上での安定した動作の実現についてはエージェントのような自律ソフトウェアが期待されてきたが，近年では特に，環境変化に対しての**自己適応性**（self-adaptiveness）を持ったソフトウェアシステムの構築が求められるようになってきている。環境の変化を検知し，自分自身を調整することによって環境の変化に自ら適応しようとするソフトウェアシステムは，**自己適応システム**（self-adaptive systems）[†]と呼ばれている。

本章では，自律ソフトウェアの近年の主要な動向である自己適応システムに着目する。まずはじめに，自己適応システムの分類や要素技術，主要なモデルを紹介し，その後，エージェントとの類似性，ソフトウェア工学分野からのアプローチについて言及する。最後に，最新の研究事例を通じて，自己適応システムの構築法について学ぶ。

4.2 自己適応システムの定義

では，まず自己適応システムの定義から見ていこう。自己適応システムについ

[†] 同分野における関心対象が，ハードウェアではなくソフトウェアであることから，**自己適応ソフトウェア**（self-adaptive software）と呼ばれる場合もあるが，本書では以降，総称して自己適応システムとする。

ては，いくつかの定義がなされている．例えば，米国国防高等研究計画局DARPAの公示（Broad Agency Announcement：BAA）[55]では，「自身の振舞いを評価し，ソフトウェアが意図していることが達成できなくなりそうであったり，機能や性能の向上が果たせそうであると判断したときに，振舞いを変更するようなソフトウェア」と定義している．また，情報科学分野の著名な研究者が領域ごとに一堂に会するDagstuhl Seminarでの報告書[88]では，「環境やシステム自身を認知した結果に基づいて，自身の振舞い（behavior）と構造（structure）の両者，あるいは一方を変更することのできるシステム」と定義している．

さらに，ソフトウェアアーキテクチャの研究者として知られるRichard Taylorの研究グループ[107]は，「（エンドユーザからの入力や，外部ハードウェア，センサ，他プログラムなどのソフトウェアシステムから観測可能な）環境の変化に対応するために自身の振舞いを変更することのできるシステム」と定義している．同じくソフトウェア工学分野で著名なCarlo Ghezziの研究グループ[47]は，3.9節で示した要求とソフトウェアの振舞い（仕様）の観点から，興味深い定義をしている．3.9節では，W をソフトウェアを取り巻く環境，R をソフトウェアに対する要求としたときに，$S, W \models R$ を満たすようなソフトウェア仕様 S を提供すべきであることを示した．Carlo Ghezziらは，環境状態 W の変化を検知したとき（$W \Rightarrow W'$）に同式を満たすように，つまり要求 R が満たされるように振舞い S を変更する自律的な能力を備えたシステムを自己適応システムと定義している．

$$S, W \models R \quad \Rightarrow \quad S', W' \models R \tag{4.1}$$

これらをまとめると，自己適応システムの要件として以下を挙げることができる．

- 環境を観測することができるシステムである．
- 現在の状況を分析することができるシステムである．
- 望ましい振舞いを決定することができるシステムである．
- 振舞いを切り替えることができるシステムである．

以降，これらの要件や関連する技術について紹介することで，自己適応システムに関する理解を深める。

4.3 自己適応システムの位置付け

これまでに述べたように，自己適応システムとは環境に対して自ら適応するシステムを指す．本節では，自己適応システムに関連する特性を紹介し，自己適応システムの位置付けを明確化させる．まず，自己適応システムと関連の深い概念として，**オートノミックコンピューティング**（Autonomic Computing）[73],[74]を挙げることができる．オートノミックコンピューティングは，IBM 社が 2001 年に提唱した，システムに自律性を持たせるという概念である．オートノミックコンピューティングは，自律性を広く追求する概念であることから，自己適応システムを包含する概念であるといってよく，現在，自己適応システムの主要モデルである MAPE ループ（4.5.1 項で詳述）もオートノミックコンピューティングの分野から提唱されたものである．同分野の研究成果を報告する国際会議 ICAC（IEEE International Conference on Autonomic Computing）も 2004 年以降継続して開催されている．

オートノミックコンピューティングにおいては**自己管理**（self-management）能力の実現を目的としている．文献74) では特に，**自己構成**（self-configuration），**自己修復**（self-healing），**自己最適化**（self-optimization），および**自己防御**（self-protection）の 4 つを自己管理の代表的なカテゴリとしている．

- **自己構成**：目的の達成状況に応じて，システム自らが自身の構成を変更させることができる特性．コンポーネントの自動登録，交換などにより実現される場合が多い．
- **自己修復**：エラーなどの問題を自動検出し，それらの問題を診断することで，問題のある状態からの自動復旧を試みることのできる特性．
- **自己最適化**：目的達成状態から逸脱することなく自身の利用するリソースを低減したり，提供サービスの品質や性能を自動的に改善することの

できる特性。
- **自己防御**：悪意のあるアタックや不注意によるソフトウェア変更から自身を守ることのできる特性。

これらのように，「自己（self-）」と名付けられる特性を持つシステムを総称して，**self-* システム**（self-* systems）と呼ぶ。スライド 4.1 は，self-* 特性を階層化したものである。前述の定義からもわかるように，自己適応や自己管理は，自己構成，自己修復，自己最適化，自己防御の4つの主要特性を包含した一般的な特性である。また，これらの特性を実現するためには，まず，自分自身，あるいは環境の状態を認識する必要があり，その意味で，自己認識（self-awareness）や文脈認識（context-awareness）は4つの主要特性の基盤となる特性であるといえる。

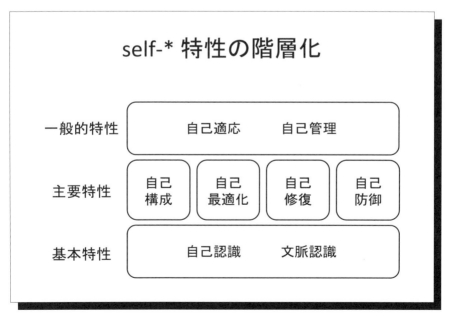

スライド 4.1　self-* 特性の階層

4.4 自己適応システムの分類

前節では，自己適応システムに関連する概念に触れ，自己適応システムの位置付けを明確化させた。しかし，単に自己適応システムといっても，各システムが扱う適応の範囲や解釈は異なるため，自己適応システムに対しては扱う適応の種類に応じてさまざまな分類がなされている。本節では，これらの分類のうち主要なものについて説明する。

〔1〕 **適応の強度による分類** 弱適応(weak adaptation)と強適応(strong adaptation)とがある。弱適応には，パラメータレベルでの適応やロードバランスなどの，コストや影響の小さい適応が分類される。一方の強適応には，コンポーネントの交換など，システム構成に影響を与えるようなコストや影響の大きな適応が分類される。

〔2〕 **意思決定の可視性による分類** Esfahaniら[61]は，ホワイト／ブラックボックスという表現により，自己適応システムを分類している。**ホワイトボックスアプローチ**(white-box approach)とは，適応にシステムの内部構造の知識が要求されるような適応メカニズムを指す。この場合，適応時に追加・削除・差替えを行うべきソフトウェアコンポーネントや新たな結合方法を指定することとなる。このようなアプローチは，従来のアーキテクチャに基づいた適応の研究で用いられてきたものである。一方の**ブラックボックスアプローチ**(black-box approach)は，ソフトウェアシステムの内部構造に関する知識を有することなく適応時の決定を実現する適応メカニズムを指す。ブラックボックスアプローチの一例としては，Esfahaniらの提案するFUSIONにおいて用いられている機能（フィーチャ）単位での適応が挙げられる。

〔3〕 **適応メカニズムの独立性による分類** 自己適応システムは一般に，システムが実現すべき機能を実現するアプリケーション記述（**アプリケーションロジック**）と適応メカニズム（**適応ロジック**）により構成される。アプリケーション記述と適応メカニズムとが入り組んで記述されているシステム構成スタイルを**内部アプローチ**(internal approach)と呼び，双方が独立しているスタ

イルを**外部アプローチ**（external approach）と呼ぶ。**スライド 4.2** に内部アプローチと外部アプローチのイメージを示す。内部アプローチは，初期の自己適応システムに関する研究[107]で多く用いられていたアプローチであり，アプリケーション記述中に適応メカニズムを織り込んで実装するスタイルである。内部アプローチではプログラミング言語の機能を用いて適応を実現する場合が多く，条件分岐やパラメータ値の変更，例外処理などで適応のための振舞いを実装する。また内部アプローチでは，状況監視のためのモニタリングと適応操作記述がアプリケーション記述と入り混じるため，局所的な適応は記述可能であるものの，スケーラビリティや保守性が低くなってしまうという問題点がある。

一方の外部アプローチは，適応メカニズムを**適応エンジン**（adaptation engine）としてアプリケーション記述とは独立して配置するものである。この適応エンジンは，通常はミドルウェアやポリシーエンジンなどを利用して構築されるこ

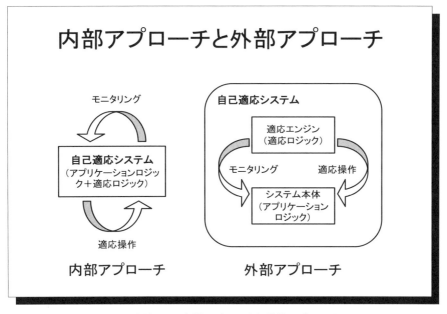

スライド 4.2　内部アプローチと外部アプローチ

ととなる。Rainbow[69]やZanshin[118]などのフレームワークがこの外部アプローチを採用している。外部アプローチはアプリケーション記述と適応に関する記述を分離することができるため，内部アプローチと比較して，設計の複雑さを下げ，バグの混入を防ぐとともに，可読性や保守性，スケーラビリティ，生産効率を高める構成であるといえる。Weynsら[125]は，外部アプローチの上記のような有効性を定量的に評価，確認している。

〔4〕**適応のタイミングによる分類** 適応には，リアクティブなものとプロアクティブなものとがある。リアクティブな適応は，環境が変化した際に即時的に発動するものであり，一方のプロアクティブな適応は，将来起こるであろう環境の変化を予測して，予防的に発動するものである。

〔5〕**適応手段の獲得法による分類** 自己適応性をシステムに組み込む方法としては，(1) 開発段階に自己適応手段を「組み込んでおく」方法と，(2) 実行段階で自己適応手段を「獲得する」方法の2種類がある。後者の場合には，システムがなんらかの学習機能を有し，実行結果から適応後の振舞いを獲得する方法がとられる。この2つは相反するものではなく，双方のアプローチを組み合わせることも可能である。

〔6〕**適応の開閉による分類** 実行中にアクションが変更されない適応，つまり実行中に新しい振舞いが追加されない適応を，**閉じた適応**と呼ぶ。一方で，実行中に新しい振舞いが導入される適応を**開いた適応**と呼ぶ。一般に，開いた適応が可能な自己適応システムのほうが構築は難しい。

4.5 主要モデル

では，自己適応システムを実際に構築するためには，どのようなメカニズムを用いるべきであろうか。自己適応システムは環境への適用，つまり環境との作用が求められるため，内部になんらかのフィードバックメカニズムを持つべきである。本節では，現在の自己適応システム分野において主要なモデルであるMAPEループと3層アーキテクチャについて述べる。

4.5.1 MAPEループ

先にも述べた通り，自己適応システムは動作環境の変化を検知し，その変化に適応できるように自らの振舞いを変更できるシステムである．このようなシステムにおいては，環境の状態や自身の性能を監視し，監視結果に応じて環境変化に対応可能な振舞いを決定し，その決定内容に応じて振舞いを切り替えることが必要となる．この一連のプロセスは目的ベースエージェント[143]のモデルとも似ているが，制御理論やロボット工学分野におけるコントローラの導入が有効である．特に，自己適応システムの分野では，IBM 社が提唱するオートノミックコンピューティングの要素技術として確立された，**MAPEループ**（MAPE loop）と呼ばれる振舞いに着目したモデルを利用する場合が多い．MAPEループは**スライド 4.3** に示す通り，監視（Monitor），分析（Analyze），計画（Plan），実行（Execute）の 4 つのアクティビティにより構成されるループであり，そ

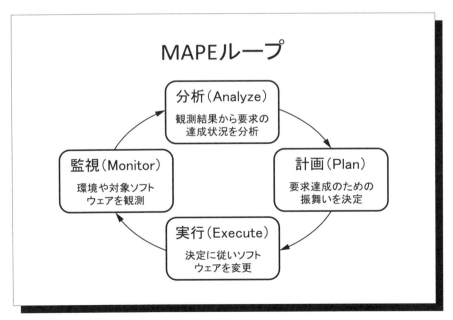

スライド 4.3　MAPE ループ

れぞれの頭文字から MAPE ループと呼ばれている[†]。

この4つのアクティビティを繰り返すことで，動作環境の変化を検知し，その変化に適応するために自らの振舞いを変更させる。Monitor アクティビティでは，センサを通じて，システムの環境や監視対象のソフトウェアなどの情報を収集し，Analyze アクティビティでは，収集結果に基づき，現在の状況において満足すべき要求を達成できているか，あるいは達成できそうかを分析する。もし，現在のシステム構成では要求を達成できないことがわかった場合，Plan アクティビティにおいて，要求を達成できるような振舞いを検討し，システムの振舞いや構成を変更するための計画を立てる。その後，Execute アクティビティにおいて，決定した振舞いや構成の変更計画に従って，ソフトウェアの振舞いや構成を変更することで環境の変化に適応する。

4.5.2　3層アーキテクチャ

MAPE ループは，自己適応システムが備えるべき機能（振舞い）に基づいたモデルである。一方，自己適応システムにおいては，構造的な特徴に応じたモデル，つまりアーキテクチャモデルも知られている。アーキテクチャの観点からは，自己適応システムの振舞いの変化を実現するために，複数のコンポーネントを接続したモデルが有効であると考えられている。その代表的なものとして，英国インペリアル・カレッジ・ロンドン大の Kramer, Magee が提唱する **3層アーキテクチャ** が挙げられる。

3層アーキテクチャは，その名の通り，自己適応システムのアーキテクチャを3層に階層化したモデルである。このアーキテクチャモデルは，ロボティクス分野で提唱された Gat の3層モデル[70]を応用したものであり，各階層がそれぞれの抽象度に応じた適応を扱うことが特徴である。

スライド 4.4 に3層アーキテクチャの概要を示す。達成すべきゴールに応じた行動プランを決定する最上層の**ゴール管理層**（goal management layer）と，

[†] ループ内で共有される知識（Knowledge）も構成要素として，**MAPE-K** ループと呼ばれる場合もある。

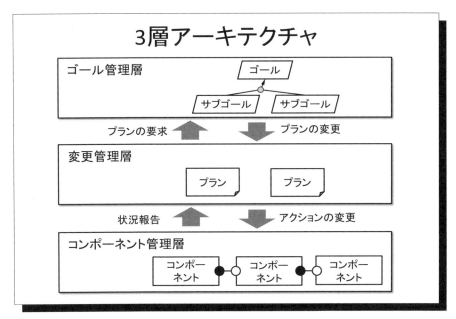

スライド 4.4 3層アーキテクチャ

実際のシステムの振舞いを実現する最下層の**コンポーネント管理層**（component control layer），さらにこれら2層の中間に位置し，現在の状況とゴールの達成状況からコンポーネントの構成切替えの責務を持つ**変更管理層**（change management layer）の3層により構成される。

　3層アーキテクチャにおいては，各層が扱う適応の対象範囲が異なる。まず，最下位のコンポーネント管理層は，各時点でのコンポーネント構成（**コンフィギュレーション**（configuration）とも呼ばれる）における実行を制御する層である。コンポーネント管理層のみでは，例えば移動ロボットにおける障害物回避など，コンポーネント構成の変更が不要な局所的な適応を扱うにとどまる。

　なお，コンポーネント管理層は環境情報のモニタリングという重要な責務も担っている。コンポーネント管理層では，同層で扱うことができるできないに関わらず，基本的にすべての環境変化をモニタリングする[†]。上述の障害物回避

[†] コンポーネントの状態など，上位層のみが扱うべきシステムの内部状態については上位層がモニタリングする。

など，層内で解決できる範囲であれば層内に閉じた活動を継続するが，もし，現在のコンポーネント構成で扱うことのできないような環境変化を検知した場合，上位層である変更管理層に環境変化の情報を送る。

コンポーネント管理層から送られた環境変化の情報は，変更管理層で分析される。変更管理層では，同一プラン内で対応可能な適応を扱うことができる。ここでプランとは，ある特定のゴールを達成するために実行するアクションの列に該当する。このアクション列の中には，同一のコンフィギュレーションでは実行できないものも含まれる場合があるため，変更管理層は1つのプランを完遂するまでにコンフィギュレーションを変更する場合もある。したがって，変更管理層で扱うことのできる環境変化は，同一プラン内の所定のアクションを実現するために用いる（1つ以上の）コンフィギュレーション群で対応することのできる範囲の環境変化ということになる。例えば，あるシステムにおいて，順序依存関係はないが，同一のコンフィギュレーションでは対応できないイベントA，イベントBをこの順で対処した後に，特定の最終処理Cを実行するというプランを実行する場合を考える。このとき，イベントAよりもイベントBのほうが先に発生した場合，現在のシステム構成がイベントAに対応するためのコンフィギュレーションであれば，コンポーネント管理層のみではこの環境変化に適応することができない。しかしながら，現在のプランにおいては，イベントBへの対応アクションも含まれているため，変更管理層ではこの変化にも適応することができる。

このように，変更管理層で扱うことのできる適応は生成されるプランの粒度や構成にも依存する。もし，プラン内に代替アクションも含まれている場合には，代替アクションで対応できる範囲まで適応可能範囲が広がる。変更管理層の役割をまとめると，以下の通りとなる。

- ゴール管理層へのプラン要求
- プラン達成状況の管理
- プラン内でのアクションの切替え
- アクションの切替えに伴う，コンフィギュレーションの切替え制御

最後に，最上層のゴール管理層では，現在のプランでは扱うことのできないような範囲の適応を扱う。ゴール管理層では，現在の状態に適したプランを再検討する。その際，ゴールの変更，つまり代替ゴールへの切替えを伴うこともあり，性能などの非機能要求の達成度合いが低くなることも起こりうる。このような役割を担うゴール管理層は，ゴールの達成情報を管理する機構とプランニングメカニズムを内包している。

以上を整理すると，上層へ情報が伝達されるのは，与えられた処理が正常に完了した場合も含めて各層でこれ以上の処理が継続できなくなった場合である。コンポーネント管理層はコンフィギュレーションの変更を変更管理層に要求し，変更管理層はプランの変更をゴール管理層に要求する。この際，上位層での現状分析のために，適切な粒度で現在の状況もあわせて伝えられる。一方，下層へ流れる情報は，依頼された事項に対する決定内容である。ゴール管理層から変更管理層へは，再プランニング後のプランが伝えられ，変更管理層からコンポーネント管理層へは，コンフィギュレーション変更のためのコンポーネント接続切替え命令が伝えられる。

以上，本節では，自己適応システムの主要モデルとして，MAPEループと3層アーキテクチャについて述べた。MAPEループがシステムの振舞いに着目したモデルであり，一方の3層アーキテクチャは，システムの構造に着目したモデルである。両者の着眼点が異なることから，両者はじつは排他的ではなく，共存させることが可能である。個人的な意見であるが，筆者らはまずMAPEループでシステムの振舞いを分析し，その後，扱う適応の複雑さに応じて，3層アーキテクチャ上での分析を進めるという設計スタイルがよいのではないかと考えている。

4.6　自己適応システムとエージェントとの関係

ここまでに挙げた自己適応システムは自律ソフトウェアの一種であるといえ，実際に自律ソフトウェアの代表であるエージェントとの関係は強い。本節では，

4. 自己適応システム

自己適応システムとエージェントとの関係を，その類似性も指摘しながら説明する。

4.6.1 モデルの類似性

まず，自己適応システムの振舞いモデルである MAPE ループは，フィードバック制御ループ（feedback control loop）の一種であり，その考え方はエージェントのモデルとも相通ずるものがある。**スライド 4.5** は伝統的なエージェントモデルである。スライド 4.3 で示した MAPE ループと比較すると，モデル中に環境が明示されているかどうかといった違いはあるものの，エージェントモデルにおける知覚が MAPE ループの Monitor と Analyze に，意思決定が Plan に，アクションが Execute に対応付けられ，MAPE ループモデルとエージェントモデルにおいては本質的に同等のアクティビティによって振舞いが定義されていることがわかる。

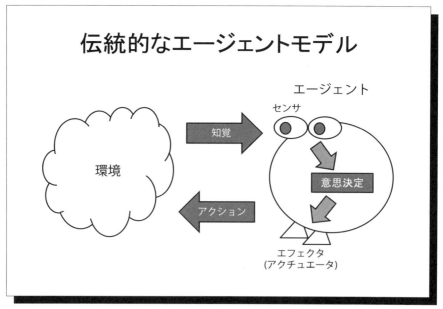

スライド 4.5　伝統的なエージェントモデル[128)]

アーキテクチャモデルについてもモデルの類似性を指摘できる。エージェントの分野でも，名称こそ反応層，実行層，熟考層と異なるものの，ハイブリッドアーキテクチャとして，3層アーキテクチャが知られている。代表的なエージェントアーキテクチャであるサブサンプションアーキテクチャ（subsumption architecture）[45]も，扱う問題の複雑さにより階層構造を構築しているという点で3層アーキテクチャと類似している†。

以上からわかるように，エージェント分野で利用されているモデルと自己適応システム分野で利用されているモデルは類似している。これはけっして偶然ではなく，両分野とも環境や実世界に対しての作用あるいは適応を実現するために，制御分野あるいはロボディクス分野の研究成果を礎としているところによるものである。

4.6.2 センサとエフェクタ

スライド 4.5 のエージェントモデルでは，環境情報のセンシングと環境への作用が重要な特性として位置付けられているが，自己適応システムの振舞いにおいてもセンサとエフェクタの役割は重要である。センサは環境やソフトウェアの状態を監視し，その状態を反映したデータを生成する。一方エフェクタは，適応のためのアクションを実行する機構である。

実世界を対象とする場合には，温度センサ，湿度センサ，照度センサ，加速度センサなどの各種センサやカメラデバイスなどがセンサとして用いられる。これに対して，ソフトウェアシステムを対象とした場合，ロギングやイベント監視などが挙げられる。例えば Java においては，JVMTI（Java Virtual Machine Tools Interface）と呼ばれる，JavaVM 上プログラムの実況状態を監視するためのインタフェースなどもセンサに該当する。

エフェクタについては，実世界を対象とするシステムではアクセラレータ，ア

---

† サブサンプションアーキテクチャもロボティクス分野を起源とするアーキテクチャモデルである。

クチュエータなどが該当し、ソフトウェアを制御する場合にはソフトウェアの部品（コンポーネント）を切り替える機構が該当する。後者における機構の実現には、Adapterパターンや Strategyパターン、Proxyパターンなどの GoFのデザインパターン[68]）が有効であるが、実際には、これらを内包したアプリケーション管理フレームワークやミドルウェアがエフェクタの実現に用いられる場合が多い。

ソフトウェアシステムにおけるセンサやエフェクタについては、双方の機能を有するフレームワークが存在し、例えば、自己適応システムのプログラミングフレームワークとして知られる StarMX[34]）では、Javaアプリケーションの監視や管理に、JMX（Java Management eXtension）を利用している。Zanshin フレームワーク（4.9節で詳述）においても、対象システムの情報をロギングし、分析の結果適応が必要となれば、適応オペレーションを対象システムに適用する仕組みを包含している。

4.6.3 エージェント技術からのアプローチ

4.3節で自己適応システムと関連の深い概念として、オートノミックコンピューティングを紹介した。オートノミックコンピューティングは IBM社が提唱した概念であるが、提唱当初は、同社の開発したエージェント開発環境 ABLE（Agent Building and Learning Environment）は、その中核となる MAPEループの実装ツールとして知られていた。これは 4.6.1項で述べたモデルの類似性を裏付けるものである。また、オートノミックコンピューティングに関する国際会議 ICAC（IEEE International Conference on Autonomic Computing）においてもエージェント技術に基づいた研究報告が少なくない。じつは、自己適応システムに関する国際会議 SASO（IEEE International Conference on Self-Adaptive and Self-Organizing Systems）においても、エージェント技術の研究成果に基づいた研究報告も少なくなく、例えば筆者らも、マルチエージェントシステム開発フレームワーク JADE[122]）上に実装した自己適応システム開発用フレームワーク[100]）を提案している。

このように，自己適応システムとエージェントとは，ソフトウェアに自律性を持たせるという観点から研究の背景やモデルが類似しており，自己適応システムの実現にエージェント技術を用いるというのは1つの有効なアプローチである。一方で，自己適応システムが扱う問題は，エージェント技術が有効な応用分野の1つである。したがって，現在はエージェント技術の研究成果が自己適応システムの研究領域において応用されているが，いずれ自己適応システムの研究領域において創発された研究成果が，エージェント技術にフィードバックされるフェーズが訪れると期待されている。

4.7 ソフトウェア工学分野からのアプローチ

自己適応システムに対しては，自律的なソフトウェア実現を目指すエージェント技術分野からだけでなく，高品質ソフトウェアの確実な構築を目指すソフトウェア工学分野においても数多くの研究がなされている。本節では，各領域からの取組みについて簡単に紹介する。

4.7.1 ソフトウェアアーキテクチャ領域からのアプローチ

先に紹介した3層アーキテクチャは，起源こそロボティクス分野に持つものの，ソフトウェアシステムとしての自己適応システムのモデルとしては，ソフトウェアアーキテクチャ領域より提起されたものである。自己適応システムのアーキテクチャは，ソフトウェアコンポーネントの概念が根底にあり，コンポーネントの動的な切替えにより自己適応システムの振舞い変更を実現するというアプローチである。自己適応システムの構築に有効とされるコンポーネントモデルとしては，拡張 Darwin モデル[72)] が知られている。**スライド 4.6** は拡張 Darwin モデルと同モデルの記述例を示したものである。元来の Darwin モデル[92)] は，各コンポーネントがサービス提供ポートとサービス要求ポートを持ち，それらを接続することでコンポーネントの相互関係を定義するモデルである。拡張 Darwin モデルでは，新たに mode と呼ばれる状態を外部に可視化する変

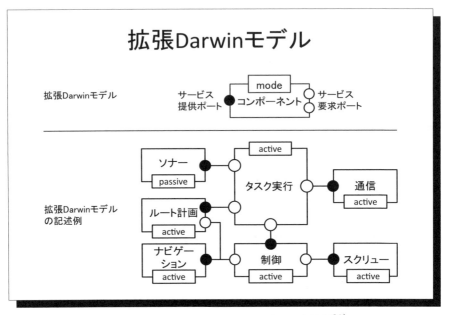

スライド 4.6 拡張 Darwin モデルとその記述例[81]

数が追加されている。mode を外部に対して可視化することで，サービスを利用する側のコンポーネントはコンポーネントの状態を外部から抽象的に観測することが可能となる。これは自己適応システムのように状況に即した自身の構成制御が必要なソフトウェアには望ましい特徴である。

スライド 4.6 下図は，自律型潜水機のソフトウェアアーキテクチャを拡張 Darwin モデルを用いて記述した例である。この例では，タスク実行コンポーネントが，他コンポーネントのサービスを（場合によっては階層的に）利用していることがわかる。タスク実行コンポーネントは，他コンポーネントの mode 値やほかの観測情報をもとに現状を分析し，必要に応じて利用コンポーネントを切り替えることで適応を試みる。例えば，同モデルではソナーコンポーネントが passive となっているが，同コンポーネントのサービスが必要な状況と判断すれば，活性状態（active）に変化させ，ソナーコンポーネントにより得られる情報を利用する。筆者らもいままでに，この拡張 Darwin モデルの利用を前

提とした自己適応システムの構築法[99), 150)]を提案している。

コンポーネントの結合に基づいた自己適応システムのアーキテクチャとしては，拡張 Darwin を用いたもの以外にも，C2[121)]と呼ばれる階層型アーキテクチャを用いたものが知られている。C2 はコンポーネントだけでなく，コンポーネント間を接続するコネクタにも着目したアーキテクチャスタイルである。コネクタにインタフェース調整の役割を持たせ，コンポーネント間のギャップを吸収させることで，柔軟なコンポーネント間連結を可能としている。アーキテクチャモデルと実装との関連を定義することで，自己適応システムに必要な動的な構成変化と構成管理を実現していることも特徴の1つである[108)]。

以上，コンポーネントモデルに基づく自己適応システムのアーキテクチャを紹介したが，最近は 4.8 節で紹介する FUSION のように，システム構成要素としてフィーチャを採用しているものなどが登場している。Weyns ら[126)]のように，複数の MAPE ループによりシステムのアーキテクチャを表現するスタイルも見られ，システム構成単位が従来のコンポーネントから徐々に抽象化されていることがわかる。

4.7.2 要求工学領域からのアプローチ

続いて，要求工学領域からのアプローチについて紹介する。要求工学領域からのアプローチとしては，適応のトリガーとなる**要求の監視**と，要求の管理モデルとして期待されているゴールモデルの活用法などが挙げられる。また，自己適応システムが扱わなければならない**不確かさ**についても，その記述法や分析法が提案されている。

要求の監視については，Souza ら[117), 118)]が，自己適応システムが監視すべき要求を 3 章で紹介したゴールモデル上に定義する手法を提案している。4.5.1 項で紹介した MAPE ループを要求監視の観点から見直すと，以下のアクティビティ系列となる。

1. 着目すべき非機能要求を定め，その達成を計測するための監視可能な指標と閾値を決定する（事前準備）。

2. 監視可能な指標を監視する（Monitor）。
3. 非機能要求が達成されているかどうか，つまり閾値に到達しているかどうかを判断する（Analyze）。
4. 達成されていない場合は，代替となる振舞いに切り替えた場合に，要求の達成が可能かどうかを検討する（Plan）。
5. 必要に応じて振舞いを切り替える（Execute）。

Souzaらのプロセスでは，適応プロセスにより達成が求められる要求を**認識要求**（AwarenessRequirement：**AwReq**）[116]と呼び，ゴールモデル上に定義するとともに，自己適応システムが制御可能な変数（**制御変数**, control variable）と，適応時に候補となる振舞いを示すOR-洗練化リンク（Souzaらは特にこのリンクをvariation point（VP）と呼んでいる）をゴールモデル上で明確化させている。認識要求は，適応時のアクションを発動させるきっかけとなる監視を定義するものであり，その記述の典型的なパターンとして，NeverFail（けっして失敗が許されない事項に対する監視），SuccessRate（最低限達成すべき成功確率を定義できる監視），MaxFailure（許容できる最大の失敗回数，頻度を定義すべき監視）などを用意している。

スライド **4.7** は，会議調整システムのゴールモデルに対して認識要求を定義した例である。例えば，タスク「実施内容の決定」に対して，認識要求「NeverFail (AR1)」が設定されているが，これは，実施内容（会議情報）が必ず定義されていなければならないことを表している。また，同タスクに制御変数「RF（Required Fields，必須フィールド）」が割り当てられているが，これは必須フィールドを，会議の詳細情報まで求めるレベルから参加者リストのみを必須にするように緩めるなど，制約を変更することでタスクの達成条件を変化させることができることを表している。つまり，自己適応システムは，各認識要求に対して制御変数の値を変えたり，VPの変更，すなわち達成目標となるサブゴールをOR-洗練化内で変更することにより，認識要求が指すゴールやタスクの達成を目指すこととなる。このようなゴールモデル上での分析により，自己適応システムに求められる適応要求が同定されることとなる。

4.7 ソフトウェア工学分野からのアプローチ　　*121*

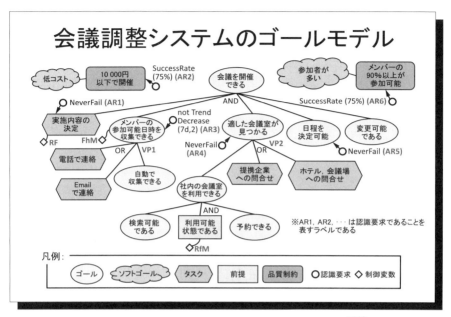

スライド 4.7　認識要求が記述されたゴールモデルの例[118]

　Souza らは，獲得した認識要求に対する監視を実現するためのプログラミングフレームワークとして，Zanshin フレームワークを提供している．同フレームワークについては，4.9 節で紹介する．

　不確かさの記述については，Whittle ら[127] が，自然言語記述に不確かさを記述する固有のオペレータを含んだ記述言語である RELAX を提案している．RELAX においては, 通常の *EVENTUALLY* や *UNTIL* などの時相演算子に加え，要求を必ず達成する必要のある *SHALL* や要求の代替を示す *MAY ··· OR* といった様相演算子，数値の不確かさを表現する *AS CLOSE AS POSSIBLE TO* や *AS MANY*, *FEW AS POSSIBLE* などを導入している．また，同研究グループの Cheng ら[48] は，ゴールモデルの記述に RELAX を用いることにより，環境要素の不確かさを許容するゴールモデル緩和手法を提案している．これらの試みにより，自己適応システムが扱わなければならない要求の不確かさは，徐々に要求モデル上で記述できるようになってきている．

ゴールモデルを用いたアプローチとしては，筆者らの取組みも知られている．3.9 節で筆者らのソフトウェア進化に対する取組みについて紹介したが，ここで挙げた整形プロセスは，独立性の高いモジュールとして Control loop をゴールモデルから抽出するものであった．じつは，MAPE ループは Control loop の一種であり，したがって，筆者らが導入した整形プロセスは自己適応システムの設計にも利用することができる．例えば，筆者らが提案している自己適応システムの設計法[99], [100] においても，整形されたゴールモデルからシステムのアーキテクチャを決定している．

4.7.3　検証技術領域からのアプローチ

自己適応システムの実現に対しては，システムの振舞いを保証するための検証技術領域からのアプローチも存在する．一般に，ソフトウェアの振舞いを保証する手段としては，ソースコードの正しさを検証するテスティング（testing）や，設計仕様の正しさを検証するモデル検査（model checking）などが知られている．しかし，自己適応システムを対象とした場合，適応のタイミングや適応後の振舞いの多様性を考慮しただけでも網羅すべきテスト空間が爆発的に拡大するため，テスティングを適用することは通常難しい．したがって，自己適応システムの振舞いを検証する技術としては，設計仕様を対象としたモデル検査法が期待されている．ただし，扱う対象を設計仕様としたとしても，ソフトウェア開発段階で適応後の振舞いをすべて列挙することは容易ではない．よって，自己適応システムにおいては，検証のタイミングは振舞い変更の直前が妥当であると考えられており，実行時の検証，つまり動的検証技術が求められる．

動的検証実現のための問題点は，実行時に要する計算コストである．モデル検査は，設計仕様の正しさを網羅的にチェックするために，システムの振舞いを表現する状態遷移図内の状態数が多くなると，急激に計算コストが増大するという特徴を持っている†．設計時においては，モデルを適時簡略化や分割することにより問題を回避することができるが，ソフトウェア実行時にはそのよう

---

† これを状態爆発と呼ぶ．

な人手を介す行為は難しく,また実行時の計算領域も通常は制約されている。

Filieriら[63)]はこの動的検証のコストを軽減するために,検証に要する計算の大半を事前に完了させるアプローチを提案している。スライド4.8は従来の動的検証法とFilieriらの動的検証法の違いを図示したものである。まず,Filieriらが対象としている検証は,ソフトウェアの信頼性要求に対しての検証であり,各状態遷移に遷移確率が付与されたモデル(離散時間マルコフ連鎖モデル,discrete time Markov chain model)に基づきシステムの信頼性,例えば,99%以上の確率でWebコンテンツを提供できる,といった要求が満足されるかどうかを判定するような検証である。

スライド4.8の左図は従来の動的モデル検査の手順であり,環境情報をモニタリングし,離散時間マルコフ連鎖における遷移確率が確定した後に,モデル検査手法により,信頼性要求の達成確率を算出する。しかしこの方法では,状態数が増えるとモデル検査の計算量が急激に増加し,システム実行中の実現が

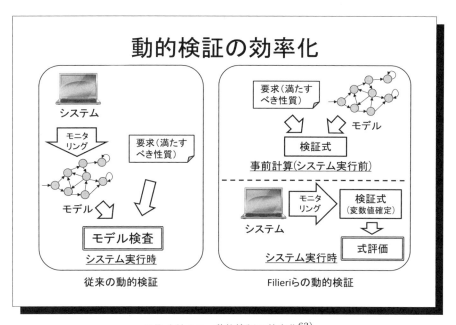

スライド4.8 動的検証の効率化[63)]

困難となる．これに対し，Filieri らの手法（スライド 4.8 右図）では，離散時間マルコフ連鎖モデルを行列表現し，ラプラス展開と LU 分解により，信頼性を評価可能な評価式をシステム設計時に事前に生成しておく．この評価式には，実行時にモニタリングしなければわからない確率は変数として表現されているため，実行時にはモニタリング結果を変数に代入するだけで信頼性を評価することができるのである．われわれはさらに，システム実行時に大きなモデル変更が生じた場合にも，事前計算時の中間生成式を保存（キャッシュ）しておくことで，実行時の計算コストを一定量削減できることを確認している[98]．このように，システム実行時の作業を適切に分解して設計時にすませてしまうというアイデアは，自己適応システムの分野では有効なアプローチである．

4.8　ケーススタディ：FUSION

前節では自己適応システム構築のためのソフトウェア工学分野からのさまざまなアプローチについて紹介してきたが，同分野からは自己適応システムの実装を支援するフレームワークの提案も数多く存在する．以降では，この中から代表的な 2 つのフレームワークについて紹介する．まず本節では，Malek らが開発を進めている FUSION[61] を紹介する．

FUSION は FeatUre-oriented Self-adaptatION の略であり，その名が示すように，プロダクトラインにおけるフィーチャ指向に基づいた自己適応システム構築用フレームワークである．ドメイン専門家の知識を機能（フィーチャ）単位のモデル（4.8.1 項で詳述）で記述し，オンライン（逐次）学習により，適応の意思決定における正確性や効率を改善しようとしているのが特徴である．また，いくつかのソフトウェアを結合する必要があるものの，現段階において実行環境を公開している数少ない自己適応システム用のフレームワークでもある†．

---

† FUSION フレームワークは下記サイトよりダウンロード可能である．
http://www.sdalab.com/projects/fusion/tool-support/ （2016 年 12 月現在）
ただし，本書執筆段階で，一部のモジュールがダウンロードできない状態となっている．

スライド 4.9 は，FUSION フレームワークの概観である。FUSION には，大きく分けて適応サイクルと学習サイクルの 2 つのサイクルが包含されている。FUSION では，適応サイクルの構成要素を Detect（検知），Plan（計画），Effect（作用）としている。また FUSION では，「システムが正常に動作，つまり効用関数の値が制約を満たす間はなにもせず，制約が破られたときに，その違反部分に対して最良の措置を施す」ことを基本理念としている。これは，最良の（最適化）状態になるように適応するアプローチと，単に制約違反を解決するアプローチの中間に位置したアプローチであるといえよう。このようなアプローチをとることで，FUSION は適応による操作の中断頻度を減らし，状況の分析を効率化する一方で，一時的な異常状態の回避ではなく，近傍における最良の状態を選択できるようなメカニズムの提供を目指している。

一方の学習サイクルでは，FUSION は，機能の単位であるフィーチャとメトリクス間の関係をオンライン学習，つまりシステム実行中に学習することで適

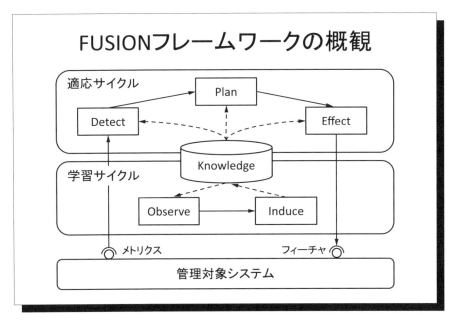

スライド 4.9　FUSION フレームワークの概観

応時にどのような構成（コンフィギュレーション）が求められるかを学習する（4.8.2項で詳述）。FUSIONはアーキテクチャとメトリクス間の関係ではなく，フィーチャとメトリクス間の関係を学習対象とすることで，学習時の探索空間を限定化し，オンラインでの学習が実現可能な問題へと帰着させている。

4.8.1 モデル

FUSIONで扱うモデルには以下の2つがある。

〔1〕フィーチャ　　まず，先にも述べた通り，FUSIONで扱う適応の単位は**フィーチャ**（feature）である。フィーチャ[77]とは，システムにより提供される機能や能力を表現したものであり，応答時間などのシステムの非機能特性にも影響を与えるものである。FUSIONにおいては，フィーチャを動的に差し替えることで適応を実現する。フィーチャを適応単位とすることで，適応時の機能単位での切替えが可能となるとともに，各機能を実現するコンポーネントを用意しておけば，適応をコンポーネントの切替えと対応付けることも可能となる。

フィーチャは大きく，コアと呼ばれる共通部分を表すものと可変部分に該当するものとに分類することができる。また，フィーチャ間には依存関係や競合関係も定義される。依存関係はrequiresキーワードにより，競合関係は排他的な選択を表すリンクにより，それぞれ表現される。**スライド4.10**の旅行予約システムの例[†]では，エビデンス生成フィーチャ（F1）などのフィーチャを用いるには，コアフィーチャである旅行予約システムフィーチャがシステム構成に含まれていることが必須であり，加えて，リクエスト単位認証フィーチャ（F3）とセッション単位認証フィーチャ（F4）は排他的であるため，両フィーチャを同時に有効にすることはできないことがわかる。FUSIONではほかに，いずれも選ばないかすべて選ぶ（zero-or-all-of）や，高々1つ選ぶ（zero-or-one-of），少なくとも1つ選ぶ（at-least-one-of），ちょうど1つ選ぶ（exactly-one-of）と

[†] この例題に関するモデルやコードは下記サイトよりダウンロード可能である。
http://www.sdalab.com/projects/fusion/case-studies/trs（2016年12月現在）

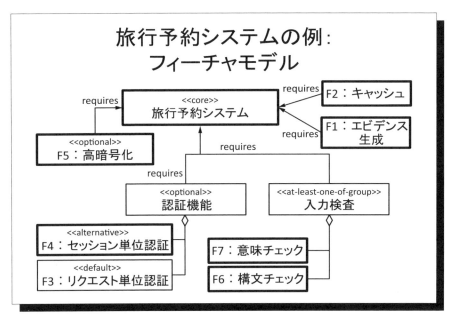

スライド 4.10 　フィーチャモデルの例

いった関係が用意されている。

　フィーチャを用いたモデルは，システム実行中においては，現在のシステムのコンフィギュレーションを表現するものとなる．例えば，スライド4.10の例において，太線のフィーチャが選択されている状態においては，その時点で有効なフィーチャを1，有効でないフィーチャを0で表すと，F3 のみ選択されていないため，コンフィギュレーションは「1101111」と表現することができる．

　FUSION では，フィーチャを適応モデルに用いることによって，適応時の有効な探索領域を効率的にせばめているといえる．適応時の探索領域のサイズは自己適応システムにおける重要な要素である．例えば，システムの構成要素（コンポーネント）が N 個あったとすると，システムがとりうる構成，つまりコンフィギュレーションは，たとえ選択されるコンポーネントが決定することで配置が一意に決定されたとしても，2^N となる．実際には，コンポーネント群が決まった場合にも複数の結線が許される場合には，探索空間はこれよりもはる

かに広がることとなる．しかし，適応の単位としてフィーチャを用いることで，フィーチャ数を $F\ (\leq N)$ とすると，探索領域を 2^F に絞り込むことができる．さらに，依存関係や競合関係を利用することで，探索領域をさらに絞り込むことができるのである．

〔**2**〕**ゴール**　FUSION においては，ゴールは機能あるいは品質に対する目標を表現したものである．このゴールは，その目標の達成状態を計測するための**メトリクス**（metrics，測定基準）と**効用**（utility，満足度）により表現される．ここで，測定基準とは，例えば応答時間のようにモニタリングにより計測できる数量を指す．一方の効用とは，特定の測定基準を用いてゴールの達成状況（満足度）を表すものであり，効用関数により表現される．ここでの効用関数は，0 以下の値であるときに，その状態が受け入れられない状態であることを表現し，最大値を 1 とすることで，正の値であれば効用の大きさを表現するような関数である．FUSION では，効用関数により制約を表現し，効用関数の値が 0 以下であるときを制約違反の状態と定義することで，適応が必要であるかどうかを判断している．例えば旅行予約システムの例では，システムの応答時間（G1）やエージェントの信頼性（G2），見積りの品質（G3）や，旅程の説明記述量（G4）などがゴールを定義する測定基準として考えられる．

4.8.2　適応サイクルと学習サイクル

先述したように，FUSION には適応サイクルと学習サイクルの 2 つの実行サイクルが存在する．適応サイクルについては，Detect アクティビティによりゴールの違反が検知されることでサイクルが開始される．これは効用関数のモニタリングにより実現できる．前述の通り，効用関数は 0〜1 の値により効用の高さも表現するため，Detect アクティビティは，システムの改善がなされているかをモニタリングする役割も持つ．続く Plan アクティビティでは以下のような方針で，適切なコンフィギュレーションを選択する．

- 違反したゴールが与えられたときに，そのゴールに大きくポジティブな

影響を与えていないフィーチャを取り除くことを考える。例えば，スライド 4.10 の旅行予約システムにおいて，エージェントの信頼性に関するゴール G2 を違反した状態に陥ったとする。事前の学習により，**スライド 4.11** に示す表のような関係が得られているとすると，G2 に影響を及ぼさないフィーチャである F3, F5, F6, F7 は，G2 達成の観点からすると，適応後のフィーチャからはずしてもよいことがわかる。与えられたゴールに対して影響を与えるフィーチャの集合を**共有フィーチャ集合**と呼ぶとすると，本例での共有フィーチャ集合は {F1, F2, F4} となる。

- FUSION においては，共有フィーチャ集合が適応に対するパラメータとなる。このフィーチャ集合はほかのゴールにも影響を与える可能性がある。ここではこの影響を与えられるゴールの集合を競合ゴール集合と呼ぶ。この競合ゴール集合は，スライド 4.11 の表を用いることで決定することができる。例えば先程の共有フィーチャ集合 {F1, F2, F4} に対す

旅行予約システムの例：FUSIONによる学習結果

影響変数 (フィーチャ)	誘導関数				
	M_{G1}	M_{G2}	M_{G3}	M_{G4}	...
Core	-0.84	-0.16	1.33	0	...
F1	1.55	1.14		2	...
F2	-0.67	-0.94			...
F3	0.71		-0.67		...
F4		-0.17		1	...
F5				4	...
F6			0.24		...
F7			0.59		...
F1F3	0.16				...
...	...	...	...	...	...

スライド **4.11** FUSION による学習結果

る競合ゴール集合は，{G1, G4} となる。

FUSION による適応後のコンフィギュレーション決定は，下記関数 F^* を最大化する共有フィーチャ集合を決定する最適化問題に帰着することができる．

$$F^* = argmax\ F \in 共有フィーチャ集合 \left(\sum_{\forall g \in\ 競合ゴール集合} U_g(M_g(F)) \right) \quad (4.2)$$

ここで，関数 M_g はゴール g に対して与えられる評価基準であり，関数 U_g は，評価基準 M_g に対する効用関数である．FUSION が獲得するコンフィギュレーションはすべての競合ゴールに対しても違反しないことが望ましいため，上記の最適化問題は

$$\forall g \in 競合ゴール集合\ (U_g(M_g(F)) > 0) \quad (4.3)$$

という制約のもとで解かれるべきである．また，フィーチャ間の関係（少なくとも1つ選ぶ（at-least-one-of）や，ちょうど1つ選ぶ（exactly-one-of）など）も制約条件として加え，ゴールの制約違反を解消するうえで最適となるフィーチャ集合を決定する．

Plan アクティビティにより新しいフィーチャ集合が決定すると，Effect アクティビティにより，システムが新しいフィーチャ集合のサービスを提供できるようにコンフィギュレーションを変更する．Effect アクティビティにおいては，目標とする新しいフィーチャ集合に変更するのに適したフィーチャ切替えステップを選択し，実行する．

FUSION では，適応サイクルと並行して学習サイクルも動作している．FUSION では，フィーチャとメトリクス間の関係をオンライン学習，つまりシステム実行中に学習する．FUSION はアーキテクチャとメトリクス間の関係ではなく，フィーチャとメトリクス間の関係を学習対象とすることで，学習領域を限定化し，オンラインでの学習を実現可能な問題にしている．

スライド4.9に示した通り，FUSION の学習サイクルは Observe アクティビティと Induce アクティビティにより構成される．適応サイクルにおける Detect

アクティビティではゴールの違反を監視していたが，学習サイクルにおいても Observe アクティビティが環境情報を監視し，現在までの学習結果の精度を検証する．もし，精度が一定値より下がれば，Induce アクティビティに移り，新たな関数を学習する．

4.8.3 実装環境

FUSION の実装は，Jeff Kramer らの3層アーキテクチャモデルに基づいている．FUSION 自身は3層アーキテクチャのゴール管理層に該当し，現在のバージョンでは，変更管理層は Malek らの先行研究において実装した ADL 実行環境 XTEAM[59] を，コンポーネント管理層の実現には，同じく彼らが先行研究で実装したコンポーネント実行環境 Prism-MW[93] をそれぞれ用いている．FUSION の研究グループはソフトウェアアーキテクチャやコンポーネントモデルに関する研究に従事してきたグループであり，アーキテクチャに関する多くの研究実績に基づいたフレームワークとして構築されている．

4.9　ケーススタディ：Zanshin

もう1つのフレームワークとして，Souza や Mylopoulos らが中心となって構築した Zanshin[†][118] を紹介する．Zanshin は，4.7.2 項で述べた要求工学領域からのアプローチに基づいて構築されたフレームワークであり，その特徴は，適応のトリガーとなる要求の監視と，適応時の振舞いの切替えをフレームワークの機能として提供している点にある．

スライド **4.12** は Zanshin フレームワークのアーキテクチャを示したもので

[†] Zanshin という名前は，日本武道において意識（awareness）を途切れさせない行為である「残心」にちなんで付けられたものである．Zanshin フレームワークは下記サイトよりダウンロード可能である．
https://github.com/sefms-disi-unitn/Zanshin/wiki （2016年12月現在）
このサイトには，Zanshin フレームワークだけでなく，ATM や会議調整システムに関するサンプルコードも収録されている．

4. 自己適応システム

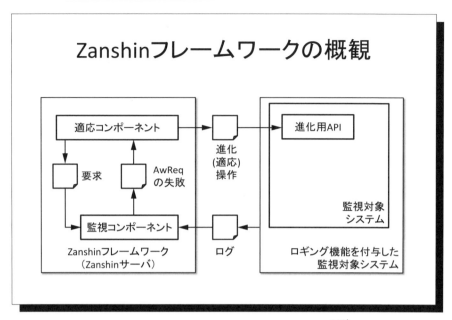

スライド 4.12　Zanshin フレームワークの概観[118]

ある。Zanshin においては，4.4 節で述べた外部アプローチに基づいた適応メカニズムを採用しており，適応ロジックに該当する Zanshin フレームワーク（Zanshin サーバ）と，アプリケーションロジックに該当する監視対象システムにより構成される。Zanshin では，監視対象システムの状況を監視するために，監視対象システムが Zanshin フレームワークにログを送信するようにラッピングする。Zanshin フレームワークは，事前にゴールモデルによって記述，分析された要求モデルを保持しており，監視対象システムより送信されたログの内容から要求モデル中の要求の達成状況を管理している。その際，要求モデル内で定義された認識要求（AwReq）（4.7.2 項参照）が達成できないと判断すると，フレームワーク内の適応コンポーネントにイベントを送信し，適応を促す。適応コンポーネントにおいては，各 AwReq に対応付けられた進化（適応）戦略から現状に適したものを選択し，その戦略を実現するための操作を監視対象システムに与える。Zanshin では，このような形で適応ループを構成している。

4.9.1 開発プロセス

Zanshin を用いた自己適応システムの開発プロセスは以下の通りである。
1. 要求モデルの構築
2. 簡単な実行用クラスの構築
3. 監視部と適応部の試行
4. 実システムの構築

以下，Zanshin 上に自己適応システムを構築するまでの各ステップについて簡単に紹介する．詳細な構築手順については，4.9 節の冒頭で示した Zanshin フレームワークサイトの「How to create your own Zanshin simulation」を参照するとよい．

〔1〕 **要求モデルの構築** Zanshin では，Eclipse の EMF (Eclipse Modeling Framework)[1] を利用してモデルを構築する．まず，開発環境として個別に用意された Ecore エディタ上で要求のメタモデルを記述する．Ecore エディタとは，OMG[2] の定めたモデル駆動開発のための標準規格である MOF (Meta-Object-Facility) に準拠した Eclipse 上でのメタモデル（これを Ecore と呼ぶ）を記述するためのエディタである．事前に要求分析により記述されたゴールモデル上に登場するゴールやタスク，ソフトゴール，認識要求，パラメータ（制御変数と VP により構成される）をメタモデルとして記述する．Ecore エディタ上で定義された各要素は XML 形式で格納される．

続いて，メタモデルとして定義した各要素間の関係を定義する．例えば，ゴールやタスク間に関係を定義することでゴールモデルを構築する．また，認識要求やパラメータをゴールモデル上に関連付けることによって，どのゴールに対して監視や振舞いの変更を実現すべきかを明示する．ここで定義した要求モデルこそが，Zanshin が対象システムを管理する際に遵守すべき要求となる．

〔2〕 **簡単な実行用クラスの構築** Zanshin では，構築する自己適応システムの振舞いを確認するためのシミュレーションを定義する Simulation インタフェースを用意している．フレームワークを利用する場合には，このインタフェースを実装するか，Simulation インタフェースを実装した AbstractSimulation

クラスを継承して，必要なメソッドを実装（オーバーライド）すればよい。シミュレーションにはシナリオを記述することができ，セッションごとにどのゴールやタスク，認識要求が成功（達成），あるいは失敗するかなどを記述することができる。

監視対象システムについては，SimulatedTargetSystem クラスを継承し，各メソッドをオーバーライドすることで，シミュレーション上の監視対象システムを実装することができる。おもに，Zanshin フレームワークから届いた適応操作に対する監視対象システム側の適応動作を記述する。

〔3〕 **監視部と適応部の試行** 本項〔2〕でシミュレーション上の監視対象システムとシナリオが用意できるので，これらを用いてシミュレーションを実行する。実行結果から，監視コンポーネントと適応コンポーネントの動作が期待通りのものであるかを確認する。

〔4〕 **実システムの構築** 適応に関する一連の動作が確認できれば，実システムを構築する。ロギング機能と適応時の実操作を含んだ，実際の監視対象システムの実装が該当する。

4.9.2 実 行 例

ダウンロードした Zanshin フレームワークには，いくつかのサンプルコードが付与されている[†]。サンプルコードには ATM のシミュレータに適応機能を付与したものや，A-CAD (Adaptive Computer-aided Ambulance Dispatch) システム，会議調整システムに関するシミュレータが含まれる。ここでは，4.7.2 項で紹介した会議調整システムのサンプルコードを動作させた結果を紹介する。

会議調整システムのサンプルコードは，zanshin-simulations プロジェクト内の it.unitn.disi.zanshin.simulation.cases.scheduler パッケージに格納されている。同パッケージ内には以下のファイルが存在する。

[†] Zanshin は Eclipse のプロジェクト形式で配布されている。本書執筆時点では，サンプルコードは，zanshin-simulations プロジェクトと zanshin-managed-atm プロジェクトに格納されている（2016 年 12 月現在）。

- AbstractSchedulerSimulation.java：会議調整システムの2つのシミュレーション（認識要求 AR（Awareness Requirements）1 と AR4 に対する動作を確認するシナリオ）に共通する定数，メソッドをまとめて記述したコード。Zanshin フレームワークがシミュレーション実装用に提供する AbstractSimulation クラスを継承している。
- SchedulerAR1FailureSimulation.java：AR1 に該当するシナリオを記述したクラス。上述の AbstractSchedulerSimulation クラスを継承している。
- SchedulerAR4FailureSimulation.java：AR4 に該当するシナリオを記述したクラス。AR1 分と同様に AbstractSchedulerSimulation クラスを継承している。
- SchedulerSimulatedTargetSystem.java：監視対象システムである会議調整システムを実装したクラス。Zanshin フレームワークがシミュレーション上の監視対象システムを実装するために提供している Simulated-TargetSystem クラスを継承している。
- model.scheduler：会議調整システムの要求（ゴール）モデル。XML 形式で記述されている。
- scheduler.ecore：Ecore エディタを用いて定義された会議調整システムのメタモデル。

先に述べた通り，Zanshin における自己適応システムは，Zanshin フレームワークと対象システムにより構成される。Zanshin フレームワークは実行時には Zanshin サーバと呼ばれ，実行時にはまず Zanshin サーバから立ち上げ，その後対象システムを立ち上げる。

認識要求 AR4 に対するシナリオの実行結果を**スライド 4.13** に示す。AR4 は，4.7.2 項のスライド 4.7 にあるように，ゴール「適した会議室が見つかる」がけっして失敗しない（NeverFail）ようにシステムが適応することを期待する認識要求である。スライド 4.13 では関連する出力のみを掲載しているが，まず，AR4 を満たすためにはゴール「適した会議室が見つかる」の達成が必要である

AR4に対するシナリオの実行結果

```
 1: Requirement failed: D_LocalAvail
 2: Requirement failed: G_UseLocal
 3: Requirement started: T_CallPartner
 4: Requirement failed: T_CallPartner
 5: Requirement ended: T_CallPartner
 6: Requirement started: T_CallHotel
 7: Requirement failed: T_CallHotel
 8: Requirement ended: T_CallHotel
 9: Requirement failed: G_FindRoom
10: Requirement ended: G_FindRoom
11: Requirement failed: G_SchedMeet
12: Requirement ended: G_SchedMeet
13: Processing state change: AR4 (ref. G_FindRoom) -> failed
14: Selected adaptation strategy: ReconfigurationStrategy
15: Applying strategy ReconfigurationStrategy(qualia; class-level)...
16: Parameters chosen: [CV_RfM]
17: Values to inc/decrement in the chosen parameters: [1.00000]
18: Produced new configuration with 1 changed parameter(s)
19: RMI Target System Controller forwarding instruction: apply-
    config(SchedulerGoalModel,
    it.unitn.disi.zanshin.model.gore.impl.ConfigurationImpl@542d5e4a, class-level)
```

スライド **4.13** AR4 に対するシナリオの実行結果（関連する箇所のみを抜粋）

ことから，サブゴールやサブタスクの達成を確認する．ここで，スライド 4.7 のゴールモデルからもわかるように，OR-洗練化によりサブゴールやサブタスクが定義されていることから，これらの 1 つでも達成できればよい．この例では，まず，ゴール「社内の会議室を利用できる」に着目し，そのサブノード（前提）である「利用可能状態である（D_LocalAvail）」の達成状況を確認している．しかし，スライド 4.13 の 1 行目からわかるように，この前提は満たされていない[†]．このため，親ゴールの「社内の会議室を利用できる（G_UseLocal）」も達成されない（2 行目）．したがって，ゴール「適した会議室が見つかる（G_FindRomm）」のほかのタブタスク（T_CallPartner と T_CallHotel）が達成できるかどうかを確認するが，いずれも達成できないことがわかり（3～8 行目），結果とし

[†] スライド 4.13 の実行結果は，スライド 4.7 のゴールモデル内の各ノード記述を短縮化した表現となっている．例えば，1 行目の「D_LocalAvail」は，スライド 4.7 における前提「利用可能状態である（Local rooms available）」を指している．スライド 4.13 中の「D_」，「G_」，「T_」はそれぞれ，前提，ゴール，タスクを指す．

て，現状では，同ゴールとAR4が達成できないことが判明する（9〜13行目）。

Zanshinフレームワークでは，認識要求ARを達成するための適応操作を駆動させることができる。本例では，適応の戦略としてReconfigurationStrategyを選択している（14行目）。Reconfigurationとは，システムの構成やパラメータを変更する行為であり，本例では，制御変数CV_RfM（会議に利用可能な部屋数）の値を変更することで，ゴール「社内の会議室を利用できる」が達成できるように適応を試みている（16〜19行目）。

以上の実行結果からわかるように，Zanshinにおいては，フレームワークが対象システムを監視し，ゴールと認識要求の達成状況を判断することが可能である。もし認識要求が達成できないことがわかれば，認識要求を達成できるように対象システムを制御して適応を試みることも可能なフレームワークなのである。

4.10 ま と め

以上，本章では，近年自律ソフトウェアの1つとして着目されている自己適応システムに関して，基本概念から現段階での構築法について紹介した。自己適応システムについては，2000年前後から注目されはじめ，その実現に向けて，エージェント技術やソフトウェア工学分野の研究者が集結して研究が進められているところである。ソフトウェア工学分野内でも，要求工学，ソフトウェアアーキテクチャ，モデル検査など扱う領域は幅広く，例えば，本書の3章で取り上げたゴールモデルも自己適応システムが管理するゴールの記述法として着目されている。また，ソフトウェア自身による適応を扱うという点で，利用される概念もエージェント分野で扱われていたものと類似するとともに，エージェント研究者の関心事とも近い。

現在，技術領域としては黎明期から徐々に領域としての中心技術や概念が明らかになってきたところである。MAPEループなどの基本概念についてはとりあえずの統一化が図られたといってよいが，プログラミングフレームワーク

などの実装技術については，公開されるレベルのものが登場してきているものの，各研究者が独自の研究成果をベースに改良を進めているところである。例えば，本書で紹介したフレームワークについても，FUSIONではモデル変換やアーキテクチャに焦点が当てられているが，一方のZanshinでは要求モデルとの連携に特徴がある。このように，同じシステムを対象としたフレームワークであっても，アプローチによってその特徴が大きく異なる点は面白い。今後これらのアプローチが高度に融合し，自己適応システムの実現手法が確立されるとともに，得られた知見が各分野にフィードバックされることが強く望まれる。

5章 セマンティックWebエージェント

◆本章のテーマ

　Webを発明したTim B. Lee氏によって1998年に新しく提唱されたセマンティックWebは，Web上のコンテンツを計算機が曖昧性なく解釈できるようにする技術である．将来的には，エージェントがセマンティックWeb上の情報に基づいてさまざまなサービスを行うようになるとされている．

　本章では，これらのエージェントをセマンティックWebエージェントと呼び，ベースとなるセマンティックWebの技術，およびセマンティックWeb技術に基づいてWeb上でデータを公開する仕組みLinked Dataについて説明する．そして，セマンティック技術，およびLinked Dataを活用したWebエージェントの実例を紹介する．

◆本章の構成（キーワード）

5.1 セマンティックWebとは
　　セマンティックWebの構成，メタデータRDF，オントロジーOWL，検索言語SPARQL，Linked Data，Linked Open Data（LOD）
5.2 セマンティックWebエージェントの事例
　　質問応答システム，スマートシティ，メディア情報の統合，モバイルセンサ活用

◆本章を学ぶと以下の内容をマスターできます

- セマンティックWebの基本
- メタデータとオントロジー
- LOD
- セマンティックWeb活用事例

5.1 セマンティック Web とは

セマンティック Web とは，Web コンテンツを計算機が理解するための技術や仕様を指している。現在の HTML に代表される Web コンテンツが人の閲覧を主たる目的としているのに対して，セマンティック Web とはソフトウェアによる Web コンテンツの自動処理を目的とし，コンテンツ（データ）の意味を表すメタデータを Web に付与して，メタデータ内で使われる語彙をオントロジーとして定義する技術などを指す。現状の Web 上のコンテンツを書籍にたとえると，メタデータは書誌情報に，オントロジーは書誌で用いられる用語集にそれぞれ相当するといえる。これにより膨らみ続ける Web コンテンツの有用な活用，例えば自動的な情報の収集や分析，データの連携などが可能になると期待されるものである。

セマンティック Web の技術的な構成をスライド 5.1 に示す。これらの技術仕

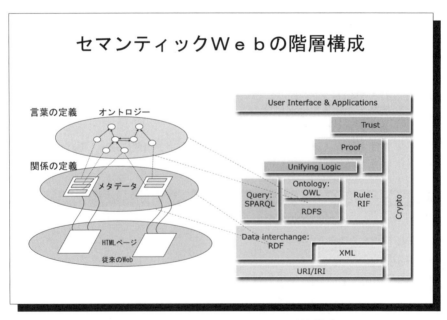

スライド 5.1　セマンティック Web の階層構成

様はWeb技術に関する国際標準化団体W3C（World Wide Web Consortium）により規格化されている[30]）。セマンティックWebではURI/IRI（Uniform Resource Identifier / Internationalized Resource Identifier）による識別機能をベースとし，Webコンテンツに加えて現実の人やモノ，場所などにもURI/IRIを付与する（リソース化と呼ばれる）ことでWeb空間上での分散的な管理を目指している。以降では，この中のいくつかの重要な技術要素について詳述する。

5.1.1 セマンティックWebの発展段階

セマンティックWebの要素技術に入る前に，エージェントとの関わりについて述べておく。セマンティックWebの提唱者Tim B. Leeは，セマンティックWebには3つの発展段階があると述べている（スライド5.2）。

フェーズ1　メタデータ活用段階では，マルチメディア情報を含む広範なコンテンツ（データ）に，それを説明するためのメタデータが付

セマンティックＷｅｂの発展段階

- フェーズ1：メタデータ活用
  - メタデータはデータに対する付加情報。Webコンテンツにそのコンテンツの管理や処理のためのメタデータを付与することで，整理や統合など効果的なコンテンツ管理が可能になり，また高度なコンテンツ利用が可能になる。
- フェーズ2：メタデータとオントロジー活用
  - オントロジーはメタデータを活用するための知識。オントロジーにより，業界による用語の表現の違いを吸収し，用語間の関係を反映した推論処理を行うことが可能。
- フェーズ3：メタデータとオントロジーと知的エージェントの活用
  - 知的エージェントはWeb上の計算機で行うさまざまな処理。メタデータとオントロジーによってWeb上のデータを連携した高度な処理が可能になる。

スライド5.2　セマンティックWebの発展段階

与され，高度なコンテンツ利用が可能になる。

フェーズ2　オントロジーが活用され，言語やドメインごとの用語の表現の違いが吸収されることにより，コンテンツ間の統合が進むとされている。さらに，オントロジーのベースとなる記述論理やルールによって既存データから新たなデータを推論によって生み出すことが可能になる。

フェーズ3　知的エージェントが登場し，これまで人が読んだり，人が分析処理するためのデータであったWebコンテンツをメタデータとオントロジーを介してエージェントが曖昧性なく処理できるようになり，人に代わってエージェントがさまざまなサービスを行うようになるとされている。

2016年時点でセマンティックWebが提唱されて18年が経過した。現在はまだフェーズ3には至っていないが，欧米においては産業界，公共サービス，科学分野においてセマンティックWeb技術の広範な適用が進められている。特に，後述するLinked Dataは政府の透明性を高める施策として，または生命科学や企業間のデータ統合の助けとして，博物館や図書館のデータ公開・統合手段として普及している。また，産業界ではグーグル社やヤフー株式会社，マイクロソフト社，フェイスブック社のような大企業が独自の知識グラフ（Knowledge Graph）を構築し，意味検索やデータ処理に活用している。さらに，グーグル社，マイクロソフト社（Bing），ヤフー株式会社によるschema.orgの活動（検索結果に詳細情報を反映するために必要な構造化データに関するフォーマットの標準化）は注目を集めている。フェーズ3のセマンティックWebエージェントが登場する日もそう遠くないだろう。

5.1.2　メタデータRDF

RDF（Resource Description Framework）[17]とは，メタデータを表すデータモデルである。Web上にあるURI/IRIで示されたリソース，リテラル（文字列），または意味を持たないブランクノード間の関係を表すことができる（**スラ**

5.1 セマンティック Web とは　　143

スライド 5.3　メタデータ RDF（XML 表記とグラフ表記）

イド 5.3）。RDF モデルは，主語（subject），述語（property），目的語（object）の 3 つの要素からなり，これらは 3 つ組またはトリプル（triple）と呼ばれる。主語は記述対象のリソースを，目的語は主語と関係のあるリソースまたはリテラルを，述語は主語と目的語との関係をそれぞれ表す。ファイル形式としては，XML を利用した RDF/XML や，1 行ごとに 1 トリプルを主語，述語，目的語の順にスペースで区切って表記する N-Triples, Turtle といったフォーマットが存在する。さらに，主語や目的語のリソースを丸ノードで，リテラルを四角ノードで，述語をそれらの間のリンクでそれぞれ結ぶことでグラフとして可視化することもできる。RDF は W3C によって定められた共通のフォーマットであるため，サービスの設計者や開発者は共通の RDF パーサや処理ツールを活用できる。そのため，これまで RDF を利用したさまざまな用途が開発されている。

- RDF のリソースを用いてデータセット間をリンクする。
- データベース間でデータ交換を行うための標準的なフォーマットとして

使用する。

- 現在公開されているデータセットを RDF に変換し，それらをリンクすることで，Web 上に分散型の RDF DB を構築する。
- RDFDB に対するデータ・アクセス API を公開し，データセット間の横断的な検索を可能にする。

以降では，今後さまざまな形で目にすることの多いであろう RDF データを読めるようになるために，W3C が 2014 年 2 月に公開した RDF1.1 入門（RDF1.1 Primer）に基づいて RDF の仕様を概説する。以下を読んで関心を持った方はぜひ，原文[19])にあたってほしい。また，公開されている RDF データセットの多くが datahub.io[5]) に登録されている。ぜひ，一度参照してみてほしい。

〔1〕 **RDF の目的**　　RDF の一番の目的は，Web 上のデータをリンクすることである。例えば，http://www.example.org/bob#me を検索すると，ボブに関するデータを参照できるものとする。そこには，彼の友達や趣味に関するさまざまなリンクが存在し，彼に関する多くの情報を提供する。このように人または計算機はリンクをたどることで，さまざまな物や事柄に関するデータを収集することができる。

〔2〕 **RDF トリプル**　　RDF 上のリンクはトリプルと呼ばれ，つぎの構造を持っている。

　　　　　<主語>　　<述語>　　<目的語>

トリプルは，主語と目的語によって表される 2 つの物または事柄（リソース）の間の関係（述語）を表している。ここで主語や目的語をリソース，関係はプロパティと呼ばれる。プログラム 5.1 に RDF トリプルの例を示す。

<プログラム 5.1　RDF トリプルの例>

```
1: <Bob> <is a> <person> .
2: <Bob> <is a friend of> <Alice> .
3: <Bob> <is born on> <the 4th of July 1990> .
4: <Bob> <is interested in> <the Mona Lisa> .
5: <the Mona Lisa> <was created by> <Leonardo da Vinci> .
6: <the video 'La Joconde a Washington'> <is about> <the Mona Lisa> .
```

この例では複数のトリプルが同じリソースを参照していることに注意してほしい。Bob は 4 つのトリプルの主語で，モナ・リザ（the Mona Lisa）は 1 つのトリプルの主語と 2 つのトリプルの目的語となっている。このように同じリソースを，あるトリプルでは主語として，別のトリプルでは目的語として持つことにより，トリプルは連結されてネットワークグラフを構成する。これを視覚的に表したものを**スライド 5.4** に示す。リソースはグラフのノードとなり，プロパティはリンクとして表されている。

なお，RDF はデータを表現するためのモデル（抽象構文といわれる）であり，上述した RDF 表現は非公式的な表現である。特定の具象構文（トリプルをテキストで記述するためのフォーマット）については後述する。

〔3〕 **URI/IRI**　トリプルにおけるリソース，プロパティはいずれも URI/IRI によって表される。Web のアドレスとしてよく知られている URL（Uniform Resource Locators）は，IRI の一形式である。また，IRI は URI を

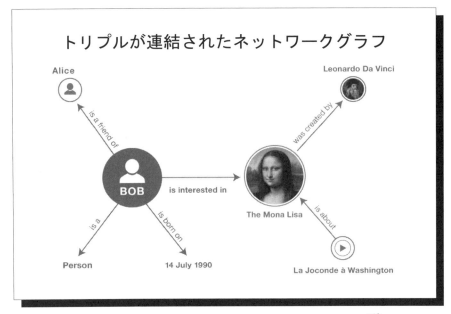

スライド **5.4**　トリプルが連結されたネットワークグラフの例[19)]

より一般化したものであり，非ASCII文字（日本語など）を文字列として使えるようにしたものである．RDFは，Webコンテンツ，人，物，抽象的な概念などすべてのリソースを表すためにURI/IRIを使用する．例えば，DBpedia（Wikipediaから構築された大規模RDFグラフ）内のレオナルド・ダ・ヴィンチはhttp://dbpedia.org/resource/Leonardo_da_Vinciとして表される．また，プロパティを表すためにもURI/IRIが用いられる．例えば，ある人がある人を知っていることを意味するプロパティは，http://xmlns.com/foaf/0.1/knowsとして表される．

〔4〕 リテラル　リテラルとは，IRIではない文字列を指し，「La Joconde（モナ・リザのフランス語名）」のような単語や「the 14th of July, 1990」のような日付，「3.14159」のような数字などが含まれる．リテラルには，データ型（文字列型，ブール値型，整数型，浮動小数点型，日付型など）を付けることで，内容を正確に表すことができる．さらに，言語タグ（英語や日本語など）を付けることもできる．なお，リテラルはトリプルの目的語としてのみ使用でき，主語や述語として用いることはできない．

〔5〕 ブランクノード　ブランクノードは，URI/IRIを用いずにリソースを記述するためのいわば変数のようなノードである．例えば，モナ・リザの絵の背景に杉（cypress）クラスに属する木が描かれていることを述べる場合，その木に特定のURI/IRIを与えずに変数xとして表すことができる（スライド5.5）．ほかにも，複数の情報を並列的に表現する場合の分岐点として用いるなど，明示的にURI/IRIを使用せずにリソースを表すことができる．ブランクノードは，トリプルの主語と目的語として使用できる．

〔6〕 名前付きグラフ　RDFのデータセットは，1つのデフォルト（名前のない）グラフと複数の名前付きグラフを持つことができる．グラフとは，複数のトリプルをグループ化したものであり，グラフにもURI/IRIを付けることができる．これは複数のRDFグラフを区別したいという検索時の要求から導入されたものであり，特定のグラフだけを探索対象としたり，グラフの由来（公開者や日付，ライセンス情報など）を記述するために用いられる（スライド5.6）．

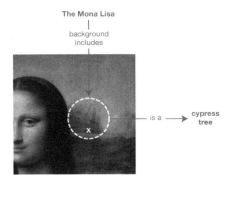

スライド 5.5　モナ・リザの背景にある杉クラスに属する名前のないリソース

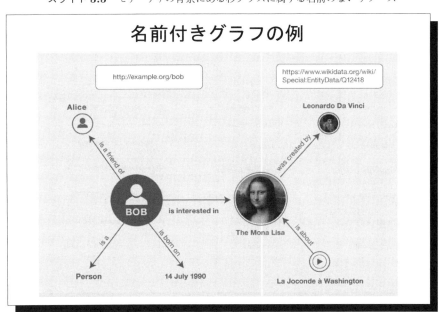

スライド 5.6　名前付きグラフの例

また，これにより3つ組にグラフURI/IRIを加えて，4つ組と呼ばれる場合もある。

〔7〕**RDFスキーマ**　RDFでは，リソースやプロパティがどのような組合せで使われるかについて定義していないため，実際には，RDF上の語彙や制約情報を定義したRDFスキーマ[22]とあわせて用いられる（**スライド5.7**）。RDFスキーマでは，例えば, http://www.example.org/friendOf というURI/IRIのrdf:typeはプロパティであり，「その主語と目的語はhttp://www.example.org/Person というクラスに属する（rdf:type）URI/IRIでなければならない」などと定義することができる。ほかにも，クラスとサブクラスの階層 rdfs:subClassOf を表すことができる。

なお，ここまで説明上，リソースとプロパティは分けて述べてきたが，プロパティもURI/IRIを持つリソースの一種であり，トリプルにおける主語や述語になることができる。それにより，特定のURI/IRIのrdf:typeをプロパティと

RDFスキーマ

Construct	Syntactic form	Description
Class (a class)	**C** rdf:type rdfs:Class	**C** (a resource) is an RDF class
Property (a class)	**P** rdf:type rdf:Property	**P** (a resource) is an RDF property
type (a property)	**I** rdf:type **C**	**I** (a resource) is an instance of **C** (a class)
subClassOf (a property)	**C1** rdfs:subClassOf **C2**	**C1** (a class) is a subclass of **C2** (a class)
subPropertyOf (a property)	**P1** rdfs:subPropertyOf **P2**	**P1** (a property) is a sub-property of **P2** (a property)
domain (a property)	**P** rdfs:domain **C**	domain of **P** (a property) is **C** (a class)
range (a property)	**P** rdfs:range **C**	range of **P** (a property) is **C** (a class)

スライド**5.7**　RDFスキーマ

して定義したり，主語や述語としてとりうるクラスを rdfs:domain, rdfs:range として定義したり，上位プロパティを rdfs:subPropertyOf として定義できる（プログラム 5.2）。

＜プログラム 5.2　RDF スキーマの例＞

```
1: <Person> <type> <Class>
2: <is a friend of> <type> <Property>
3: <is a friend of> <domain> <Person>
4: <is a friend of> <range> <Person>
5: <is a good friend of> <subPropertyOf> <is a friend of>
```

スライド 5.7 の 2 列目は，名前空間（namespace）と呼ばれる接頭辞で略記されている。2 つの異なる接頭辞（rdf:と rdfs:）があることに注意してほしい。名前空間の詳細は本項〔9〕にて説明する。

代表的な RDF スキーマとしては，以下らが挙げられる。

- **Dublin Core**：Dublin Core[8] は「作成者（creator）」や「公開者（publisher）」「タイトル（title）」など，Web コンテンツの書誌的な情報を表すための 15 種類のスキーマを提供している。

- **SKOS**：SKOS（Simple Knowledge Organization System）[25] は，シソーラスやタクソノミー，分類表や件名標目表などの知識を組織化するためのスキーマを提供している。SKOS は，2009 年に W3C 勧告となり，図書館で広く利用されている。

- **schema.org**：schema.org[24] は，グーグル社，マイクロソフト社（Bing），ヤフー株式会社といった主要な検索プロバイダのグループによって開発されたスキーマであり，Web コンテンツの作成者が Web コンテンツの内容を検索エンジンに伝えるために用いられている。

RDF スキーマは，可能な限り既存のスキーマを再利用することが推奨されている。そのため，まずは既存のスキーマを調査し，同様の用途を持つものがあれば自分で再定義せず，再利用するほうがよい。なお，後述するオントロジー OWL は RDF スキーマの上に定義されており，RDF スキーマと組み合わせて

使用することができる。

前述したように，ここまではRDFによるデータモデル（抽象構文）を非公式的な表現で表してきた。以下〔8〕～〔12〕では，RDFの書き方（具象構文）を紹介する。それぞれに一長一短があり，ユーザは利用シーンや目的に応じて書き分けることができる。

〔8〕 **RDF 具象表現：N-Triples**　　N-Triples[18]は，1行単位でトリプルを記述するためのシンプルな記法である。本項〔2〕で示した非形式的な表現は，N-Triplesで**プログラム 5.3** のように書くことができる。

＜プログラム 5.3　N-Triples の例＞

```
1: <http://example.org/bob#me> <http://www.w3.org/1999/02/
   22-rdf-syntax-ns#type> <http://xmlns.com/foaf/0.1/Person> .
2: <http://example.org/bob#me> <http://xmlns.com/foaf/0.1/knows>
   <http://example.org/alice#me> .
3: <http://example.org/bob#me> <http://schema.org/birthDate>
   "1990-07-04"^^<http://www.w3.org/2001/XMLSchema#date> .
4: <http://example.org/bob#me> <http://xmlns.com/foaf/0.1/
   topic_interest> <http://www.wikidata.org/entity/Q12418> .
5: <http://www.wikidata.org/entity/Q12418> <http://purl.org/dc/terms/
   title> "Mona Lisa" .
6: <http://www.wikidata.org/entity/Q12418> <http://purl.org/dc/terms/
   creator> <http://dbpedia.org/resource/Leonardo_da_Vinci> .
7: <http://data.europeana.eu/item/04802/
   243FA8618938F4117025F17A8B813C5F9AA4D619> <http://purl.org/dc/
   terms/subject> <http://www.wikidata.org/entity/Q12418> .
```

ここでは，1行で1トリプルを表している。URI/IRIは，不等号<>で囲み，行末のピリオドはトリプルの終わりを意味する。3行目の目的語にリテラルを表した例では，ダブルクオーテーション""で囲まれたリテラルの後に，記号^^で区切られ，データ型が日付型であることが付記されている。リテラルの書き方（20170401 など）は，XMLスキーマにおける日付型の書き方と同じである。また，5行目のリテラルは省略されており，その場合，文字列型^^xsd:stringを表す。さらに，言語タグ"La Joconde"@fr のように，記号@で区切って文字列の直後に付記する。**スライド 5.8** は，同様のRDFモデルをグラフで表現し

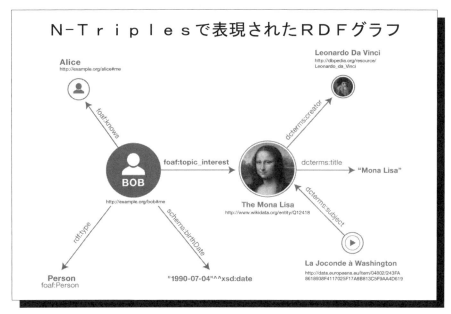

スライド 5.8　N-Triples で表現された RDF グラフ

たものである。

〔9〕 **RDF 具象表現：Turtle**　Turtle[20] は，N-Triples を拡張し，読みやすさを改善した記法である。Turtle では，N-Triples の記法に加えて，名前空間の接頭辞 (prefix) やリストなど，多くの省略形を導入している。スライド 5.8 で示した RDF グラフを Turtle で書くと**プログラム 5.4** のようになる。

＜プログラム 5.4　Turtle の例＞

```
 1:  BASE    <http://example.org/>
 2:  PREFIX foaf: <http://xmlns.com/foaf/0.1/>
 3:  PREFIX xsd: <http://www.w3.org/2001/XMLSchema#>
 4:  PREFIX schema: <http://schema.org/>
 5:  PREFIX dcterms: <http://purl.org/dc/terms/>
 6:  PREFIX wd: <http://www.wikidata.org/entity/>
 7:
 8:  <bob#me>
 9:      a foaf:Person ;
10:      foaf:knows <alice#me> ;
```

```
11:        schema:birthDate "1990-07-04"^^xsd:date ;
12:        foaf:topic_interest wd:Q12418 .
13:
14: wd:Q12418
15:        dcterms:title "Mona Lisa" ;
16:        dcterms:creator <http://dbpedia.org/resource/
      Leonardo_da_Vinci> .
17:
18: <http://data.europeana.eu/item/04802/
      243FA8618938F4117025F17A8B813C5F9AA4D619>
19:        dcterms:subject wd:Q12418 .
```

1〜6行目は，名前空間を定義しており，URI/IRIを省略するために接頭辞が定義されている．BASEは，接頭辞が付いていないURI/IRI（bobやaliceなど）に対応している．8行目以降では，主語が同じ場合は省略されている．末尾のセミコロン；はトリプルの一部であることを表し，トリプルの最後はN-Triplesと同様にピリオドを付ける．9行目のaは，インスタンス–is_a–クラスの意味であり，rdf:typeの省略形である．なお，ブランクノードは，_:xのように，記号_を付けて表される．また，#ではじまる行はコメントを表す．

〔10〕 **RDF 具象表現：JSON-LD**　JSON-LD[13]は，キー・バリューペアを表すJSON（JavaScript Object Notation）形式でRDFのトリプルを表す記法である．**プログラム 5.5** は，スライド5.8のRDFグラフをJSON-LDで書いたものである．

<プログラム 5.5　JSON-LD の例>

```
 1: {
 2:   "@context": "example-context.json",
 3:   "@id": "http://example.org/bob#me",
 4:   "@type": "Person",
 5:   "birthDate": "1990-07-04",
 6:   "knows": "http://example.org/alice#me",
 7:   "interest": {
 8:     "@id": "http://www.wikidata.org/entity/Q12418",
 9:     "title": "Mona Lisa",
10:     "subject_of": "http://data.europeana.eu/item/04802/
                      243FA8618938F4117025F17A8B813C5F9AA4D619",
11:     "creator": "http://dbpedia.org/resource/Leonardo_da_Vinci"
```

```
12:      }
13: }
```

まず，2 行目のキー @context で，RDF データモデルへのマッピングを記述した別の JSON ファイルを参照している（マッピングファイルについては後述する）。3 行目で，キー @id を用いてこのファイルでリソース http://example.org/bob#me について定義することを表す。4～6 行目は述語と目的語を表している。

また，7 行目以降では，新しい JSON オブジェクトを作成し，キー @id で別のリソースについて定義することを表し，8～10 行目で，その述語と目的語を表している。

プログラム 5.6 に，上記で用いられたマッピングファイルについて示す。

＜プログラム 5.6　マッピングファイルの例＞

```
 1: {
 2:   "@context": {
 3:     "foaf": "http://xmlns.com/foaf/0.1/",
 4:     "Person": "foaf:Person",
 5:     "interest": "foaf:topic_interest",
 6:     "knows": {
 7:       "@id": "foaf:knows",
 8:       "@type": "@id"
 9:     },
10:     "birthDate": {
11:       "@id": "http://schema.org/birthDate",
12:       "@type": "http://www.w3.org/2001/XMLSchema#date"
13:     },
14:     "dcterms": "http://purl.org/dc/terms/",
15:     "title": "dcterms:title",
16:     "creator": {
17:       "@id": "dcterms:creator",
18:       "@type": "@id"
19:     },
20:     "subject_of": {
21:       "@reverse": "dcterms:subject",
22:       "@type": "@id"
23:     }
24:   }
25: }
```

2～9行目では，名前空間の定義に続けて，JSON-LDファイル内での述語（プロパティ）の定義が行われている．また，8行目や12行目のキー@typeは，プロパティのとりうる値（目的語）の型を定義している．21行目のキー@reverseは，主語と目的語を入れ替えて，プロパティ dcterms:subject でつなぐトリプルにマッピングされることを意味している．

〔11〕 **RDF 具象表現：RDFa** 　　RDFa[23)]は，HTMLやXMLファイル内にRDFデータを埋め込むための記法である．これにより，検索エンジンはHTMLファイルをクロールする際にRDFデータも収集し，検索結果を改善するために利用できる．schema.orgなどで用いられている．**プログラム 5.7** は，スライド 5.8 の RDF モデルを RDFa で記述したものである．

＜プログラム 5.7　RDFa の例＞

```
 1: <body prefix="foaf: http://xmlns.com/foaf/0.1/
 2:                schema: http://schema.org/
 3:                dcterms: http://purl.org/dc/terms/">
 4:   <div resource="http://example.org/bob#me" typeof="foaf:Person">
 5:     <p>
 6:       Bob knows <a property="foaf:knows" href="http://example.org/alice#me">Alice</a>
 7:       and was born on the <time property="schema:birthDate">1990-07-04</time>.
 8:     </p>
 9:     <p>
10:       Bob is interested in <span property="foaf:topic_interest"
11:       resource="http://www.wikidata.org/entity/Q12418">the Mona Lisa</span>.
12:     </p>
13:   </div>
14:   <div resource="http://www.wikidata.org/entity/Q12418">
15:     <p>
16:       The <span property="dcterms:title">Mona Lisa</span> was painted by
17:       <a property="dcterms:creator" href="http://dbpedia.org/resource/Leonardo_da_Vinci">Leonardo da Vinci</a>
18:       and is the subject of the video
19:       <a href="http://data.europeana.eu/item/04802/243FA8618938F4117025F17A8B813C5F9AA4D619">'La Joconde a Washington'</a>.
```

```
20:        </p>
21:      </div>
22:      <div resource="http://data.europeana.eu/item/04802/
         243FA8618938F4117025F17A8B813C5F9AA4D619">
23:          <link property="dcterms:subject" href="http://www.wikidata.
             org/entity/Q12418"/>
24:      </div>
25:  </body>
```

1 行目では，名前空間の接頭辞を定義しているが，RDFa において多くの接頭辞は省略可能である．4 行目と 14 行目の div 要素において，resource 属性を用いて RDF の主語となるリソースを定義している．同時に，4 行目では typeof 属性を用いて foaf:Person クラスのインスタンスであることを表している．6 行目では property 属性を用いてプロパティ foaf:knows を定義し，href 属性の値で目的語を表している．7 行目は目的語をリテラルとして表す例である．データ型は xsd:string である．さらに，10〜11 行目では目的語を resource 属性を用いて表している．これは目的語が href 属性で参照可能な HTML コンテンツではない場合に用いられる．22〜23 行目では，HTML コンテンツとは別に RDF データだけを表現している．

〔12〕 **RDF 具象表現：RDF/XML**　　RDF/XML[21)] は，RDF モデルを XML で記述する記法である．1990 年代後半に RDF が最初に開発された際は，RDF/XML が唯一の記法であった．プログラム 5.8 に，スライド 5.8 の RDF モデルを RDF/XML で記述した例を示す．

＜プログラム 5.8　RDF/XML の例＞

```
1:  <?xml version="1.0" encoding="utf-8"?>
2:  <rdf:RDF
3:          xmlns:dcterms="http://purl.org/dc/terms/"
4:          xmlns:foaf="http://xmlns.com/foaf/0.1/"
5:          xmlns:rdf="http://www.w3.org/1999/02/22-rdf-syntax-ns#"
6:          xmlns:schema="http://schema.org/">
7:      <rdf:Description rdf:about="http://example.org/bob#me">
8:          <rdf:type rdf:resource="http://xmlns.com/foaf/0.1/Person"/>
9:          <schema:birthDate rdf:datatype="http://www.w3.org/2001/
            XMLSchema#date">1990-07-04</schema:birthDate>
```

```
10:         <foaf:knows rdf:resource="http://example.org/alice#me"/>
11:         <foaf:topic_interest rdf:resource="http://www.wikidata.org/
            entity/Q12418"/>
12:     </rdf:Description>
13:     <rdf:Description rdf:about="http://www.wikidata.org/entity/
        Q12418">
14:         <dcterms:title>Mona Lisa</dcterms:title>
15:         <dcterms:creator rdf:resource="http://dbpedia.org/resource/
            Leonardo_da_Vinci"/>
16:     </rdf:Description>
17:     <rdf:Description rdf:about="http://data.europeana.eu/item/
        04802/243FA8618938F4117025F17A8B813C5F9AA4D619">
18:         <dcterms:subject rdf:resource="http://www.wikidata.org/
            entity/Q12418"/>
19:     </rdf:Description>
20: </rdf:RDF>
```

3〜6 行目は，名前空間の接頭辞を定義している。7 行目と 13 行目，17 行目の XML 要素 rdf:Description では，about 属性でトリプルの主語を定義している。続く 8〜11 行目などでは，プロパティ（述語）と値（目的語）を定義しており，目的語がリソースである場合は rdf:resource 属性を用いて表されている。データ型は rdf:datatype 属性として指定されている。データ型が省略されている場合は，xsd:string 型を表している。

5.1.3　オントロジー OWL

OWL（Web Ontology Language）[15] とは，RDF の中で使われるオントロジーを定義するものである。前述した RDF スキーマが RDF を記述するための基本的な語彙を提供するものであったのに対し，OWL は RDF スキーマを拡張し，より高度な語彙を定義する意味記述用言語である。OWL によって，対象領域内の概念クラス，クラス間の上位下位関係，部分全体関係，等価性，排他性などを表すことができる（**スライド 5.9**）。また，各クラスが保持している属性（RDF の述語に相当する）なども表すことができる。OWL は，記述論理（Description Logic：DL）[36] をベースとしており，推論処理によって明示的に記述されていないトリプルの自動追加などが可能となる。

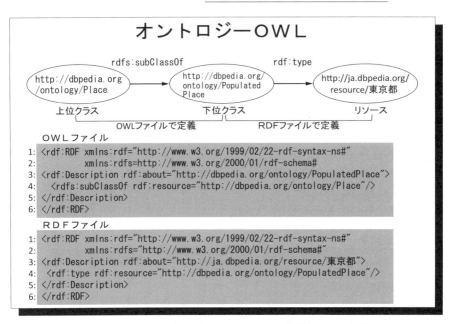

スライド 5.9　オントロジー OWL（XML 表記とグラフ表記）

5.1.4　検索言語 SPARQL

SPARQL（SPARQL Protocol and RDF Query Language）[27] とは，RDF データ（トリプルの集合）の検索や操作を行うためのクエリ言語である。関係データベース RDB（Relational Database）に対する検索言語 SQL に相当するものであり，RDF のグラフ構造の一部を指定することでパターンマッチにより該当する部分グラフを抽出する。スライド 5.10 に例を示す。WHERE 句で抽出したいグラフの一部（主語，述語，目的語。または，いずれかを変数にしたもの）を指定し，SELECT 句にて WHERE 句内で使用されている変数のうち，取得したい変数を指定する。?ではじまる文字列が変数であり，変数を介して RDF グラフ上でリンク（プロパティ）をたどることができる。これは，RDB 上で SQL を用いて JOIN を何段も行うことに相当するといえる。

SPARQL で検索可能な RDF のデータベース（トリプルストアと呼ばれる）は，SPARQL エンドポイントと呼ばれ，2016 年現在，さまざまな組織や団体

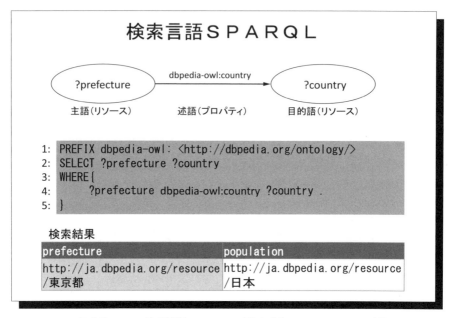

スライド 5.10 検索言語 SPARQL（検索式とパターンマッチの例）

が SPARQL エンドポイントを一般公開している。前述した datahub.io[5]）には データセットだけではなく，エンドポイントも登録されており，2016 年 12 月時点でその数は 600 以上にのぼる。また，SPARQL Endpoints Status[28]）では，各エンドポイントの稼働状況を確認することもできる。代表的なエンドポイントとしては，Wikipedia を Linked Data 化（5.1.5 項参照）した DBpedia[6]）や，国立国会図書館[31]）などが挙げられる。

5.1.5 Linked Data

Linked Data とは，RDF によるデータモデルの特徴（URI/IRI によるリソース化とトリプルによるデータ連携）を活用して，Web 上でデータを公開，連携させる仕組みである（スライド 5.11）。データの Web（Web of Data）とも呼ばれる。対象分野やドメインを越えてデータセット間がリンクされていくことで，Web 空間を巨大な分散データベースに変える可能性を持っている。以下に，

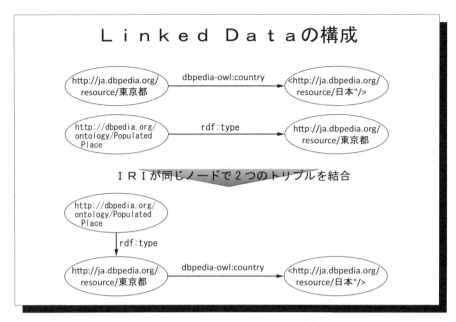

スライド **5.11** Linked Data の構成

Tim B. Lee による Linked Data の 4 原則[40] を示す。これらはまさに現在の HTML ファイルで実現されているものであり，Web との高い親和性を示している。

- リソースの名前として URI/IRI を使うこと
- リソースについて調べられるように HTTP を使うこと
- URI/IRI にアクセスした際に，リソースについての情報を提供すること
- データの中にほかのリソースへのリンクを入れること

5.1.6 LOD

LOD（Lined Open Data）とは，Linked Data としてのデータセットをオープン化したものである。2016 年現在，科学面や産業面でのイノベーション創出を目的に，欧米を中心にオープンデータへの取組みが進められている。国内でも 2013 年に政府によって出された「世界最先端 IT 国家創造宣言」と「G8 オー

プンデータ憲章」を通じて

> 「公共データについては，オープン化を原則とする発想の転換を行い，ビジネスや官民協働のサービスでの利用がしやすいように，政府，独立行政法人，地方公共団体等が保有する多様で膨大なデータを，機械判読に適したデータ形式で，営利目的も含め自由な編集・加工等を認める利用ルールの下，インターネットを通じて公開する」

（世界最先端IT国家創造宣言より抜粋）

> 「無料の政府データは，人々がより快適な現代生活を送るための手段や製品を作るために活用することが出来，ひいては，民間部門での改革のための触媒となり，新規の市場，ビジネス及び雇用を創出することを支援する。我々は，オープンデータが，イノベーションと繁栄を可能にし，また，市民のニーズに合致した，強固かつ相互に繋がった社会を構築していくための大きな可能性をもった未開発の資源であることに合意する」

（オープンデータ憲章（概要）より抜粋）

オープンデータへの機運が高まり，さまざまな分野でデータのオープン化が進められている。ここでオープン化には5つの段階があるとされており

★	（どんな形式でも良いので）あなたのデータをオープンライセンスでWeb上に公開しましょう
★★	データを構造化データとして公開しましょう（例：表のスキャン画像よりもExcel）
★★★	非独占の形式を使いましょう（例：ExcelよりもCSV）
★★★★	物事を示すのにURIを使いましょう，そうすることで他の人々があなたのデータにリンクすることが出来ます
★★★★★	あなたのデータのコンテキストを提供するために他のデータへリンクしましょう

（5つ星オープンデータ計画における各レベルの例示）

最高段階の5つ星として，Linked Data形式が挙げられている。2013年時

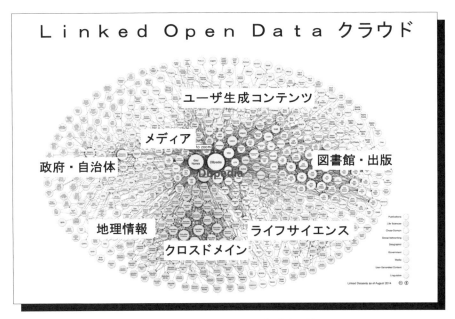

スライド **5.12** LOD クラウドダイアグラム

点，政府・自治体，地理情報，ライフサイエンス，図書館・出版，ユーザ生成コンテンツ，マスメディアなどの分野を中心に 620 億トリプルのデータが Web 上に存在しているといわれている（**スライド 5.12**）。

5.1.7 代表的な LOD

スライド 5.12 中，LOD のハブとして中心に位置しているのが，これまでも述べた DBpedia である（**スライド 5.13**）。DBpedia は，英語版 Wikipedia におけるおもに infobox のテンプレートをクラスに，テンプレート内の項目名をプロパティに変換することで構築された大規模な LOD である。また，各国の Wikipedia からそれぞれ別の DBpedia が作られており，日本語版 Wikipedia を対象とした DBpedia Japanese も存在する[7]。DBpedia は，DBpedia Information Extraction Framework と呼ばれる Wikipedia のダンプデータから infobox のテンプレートデータを抽出するツールと，オントロジーマッピングと呼ばれるテンプレート上の項目名を適切なプロパティへマッピングするボランタリーベー

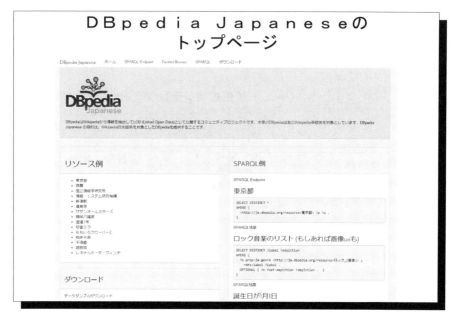

スライド **5.13** DBpedia Japanese のトップページ

スの協働作業ツールによって構築されている。

一方，人手での構築にはコストがかかることから，日本語版 Wikipedia におけるさまざまなリソース（カテゴリツリー，一覧記事，リダイレクト，infoboxなど）から，概念および概念間の関係（is-a 関係，クラス-インスタンス関係，プロパティ定義域，プロパティ値域，プロパティ関係，同義語，インスタンス間関係）を半自動的に抽出して構築された日本語 Wikipedia オントロジーも存在する[32]（スライド **5.14**）。

さらに，JST（国立研究開発法人科学技術振興機構）からは科学面，産業面でのイノベーション創出を目的に，JST が蓄積，管理してきた文献・特許・研究者情報・科学技術用語・化学物質などに関する科学技術情報を Linked Dataとして提供する J-GLOBAL knowledge 試行版が公開されている（2016 年現在，スライド **5.15**）。J-GLOBAL knowledge は，これまで J-GLOBAL[12] として提供してきた科学技術情報の全データセットを Linked Data 化し，データ

スライド 5.14 日本語 Wikipedia オントロジーのトップページ

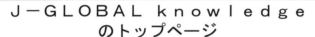

スライド 5.15 J-GLOBAL knowledge のトップページ

スライド **5.16** datahub.io のトップページ

分析などに活用できるように SPARQL によるデータアクセス API を提供するものであり，データセットの合計サイズは 155 億トリプルを超えている。

こうした LOD を含むオープンデータの世界的なレポジトリとして，Open Knowledge Foundation が運営するのが前述した datahub.io[5] である。datahub.io は CKAN と呼ばれるオープンソースのデータ管理システムを用いて実現されており，ブラウザまたは API を通じて公開データの検索，登録，更新，データセットグループの作成などが可能である。2016 年 12 月現在，1 万を超えるセットのオープンデータが登録されている（スライド **5.16**）。

5.2　セマンティック Web エージェントの事例

本節では，セマンティック Web や LOD 関連技術を用いてさまざまな形で人間をサポートするシステム，セマンティック Web エージェントの事例を紹介する。

5.2 セマンティック Web エージェントの事例

5.2.1 質問応答システム

IBM ワトソン[11]は，自然言語処理や情報検索，機械学習，知識表現，推論，そして並列計算を組み合わせた質問応答システムであり，2011 年に米国のクイズ番組 Jeopardy!で過去の優勝者らに勝利したことで広く知られている。Web から収集した大量の文書中の単語に多重にアノテーションを行い，インデクス化しておくことで，質問に対して最も確からしい答えを返すシステムであり，内部知識の一部は，Linked Data として構造化されているといわれている。Linked Data は，URI を用いた情報の関連付けやオントロジーと組み合わせて既知の情報から推論による未知情報の獲得などに用いられる。また内部情報の統合フォーマットとしても用いられている。また，YAGO (Yet Another Great Ontology) と呼ばれる Wikipedia のカテゴリ，リダイレクト，infobox，WordNet の synsets，hyponymy，そして GeoNames から構築された 1.2 億トリプルの知識ベースを取り込んでいる。現在は，証拠ベースの医療を実現するため，患者の症状に基づく疾病の推定や投薬計画などについて情報提供を行い，医師の判断をサポートするサービスとしてすでにいくつかの病院に導入されている。また，2016 年時点ではパーソナルロボットとの組合せも検討されている。

5.2.2 個人スケジュール管理

Tempo Smart Calendar for iPhone は，アップル社の Siri を生んだ SRI International による iPhone 向け秘書アプリであり (スライド 5.17)，ミーティング場所への行き方の提示 (経路探索，駐車場探し，公共交通機関の遅れチェック，周辺情報など)，関係者への確認連絡，関連メールの自動解析，関係者のプロフィール探し，バースデーメッセージの送信，ユーザパターンの学習などを行ってくれる。特に，スマートフォン内に登録された連絡先情報やメールアドレスに基づいて LOD を検索し，自動的にコンタクト情報の作成，保守をする機能があり，これにより，ユーザのスケジュール管理をサポートする。

スライド 5.17 Tempo Smart Calendar[29]

5.2.3 スマートシティ

STAR-CITY (Semantic Traffic Analytics and Reasoning for CITY)[87] は，交通状況の分析と予測を目的とした IBM 社のシステムである．2010 年よりアイルランドのダブリンで行われている都市環境サービス向上プロジェクト Dublinked[9] に参画した IBM 社が，汎用化したソリューションとして提供しているものであり，2014 年時点でイタリアのボローニャやアメリカのマイアミ，ブラジルのリオへ展開している．ここでは，DBpedia や W3C の標準的なオントロジー（Time など），独自に構築したオントロジーを参照しながら，コンテキスト取得やデータ統合のために，バスの時刻表や車両検知器，雨量計，道路の監視カメラ，GPS 情報などにセマンティック情報を付与している（**スライド 5.18**）．そして，過去および現在の交通状況とソーシャルメディア，工事情報，音楽や政治に関するイベント情報などのデータを統合，流通させることで（**スライド 5.19**），行政が大きなイベント開催時の交通への影響を把握したり，適

5.2 セマンティック Web エージェントの事例

STAR-CITY のデータ

Type		Sensing	Data Source	Description	Format	Temporal Frequency (s)	Size per day (GBytes)	Data Provider (all open data)
Stream Data	Static		Journey times across Dublin City (47 routes)	Dublin Traffic Department's TRIPS system[a]	CSV	60	0.1	Dublin City Council via dublinked.ie[b]
			Road Weather Condition (11 stations)		CSV	600	0.1	NRA[c]
			Real-time Weather Information (19 stations)		CSV	[5, 600] (depending on stations)	[0.050, 1.5] (depending on stations)	Wunderground[d]
	Dynamic		Dublin Bus Stream	Vehicle activity (GPS location, line number, delay, stop flag)	SIRI XML-based[e]	20	4-6	Dublin City Council via dublinked.ie[f]
			Social-Media Related Feeds	Reputable sources of road traffic conditions in Dublin City	Tweets	600	0.001 (approx. 150 tweets per day)	LiveDrive[g] Aaroadwatch[h] GardaTraffic[i]
Static/Quasi Stream	Dynamic		Road Works and Maintenance		PDF	Updated once a week	0.001	Dublin City Council[j]
			Events in Dublin City	Planned events with small attendance	XML	Updated once a day	0.001	Eventbrite[k]
				Planned events with large attendance			0.05	Eventful[l]
	Static		Dublin City Map (listing of type, junctions, GPS coordinate)		ESRI SHAPE	No	0.1	Open StreetMap[m]

[a] Travel-time Reporting Integrated Performance System - http://www.advantechdesign.com.au/trips
[b] http://dublinked.ie/datastore/datasets/dataset-215.php
[c] NRA - National Roads Authority - http://www.nratraffic.ie/weather
[d] http://www.wunderground.com/weather/api/
[e] Service Interface for Real Time Information - http://siri.org.uk
[f] http://dublinked.com/datastore/datasets/dataset-289.php
[g] https://twitter.com/LiveDrive
[h] https://twitter.com/aaroadwatch
[i] https://twitter.com/GardaTraffic
[j] http://www.dublincity.ie/RoadsandTraffic/ScheduledDisruptions/Documents/TrafficNews.pdf
[k] https://www.eventbrite.com/api
[l] http://api.eventful.com
[m] http://download.geofabrik.de/europe/ireland-and-northern-ireland.html

スライド **5.18** STAR-CITY のデータ[87)]

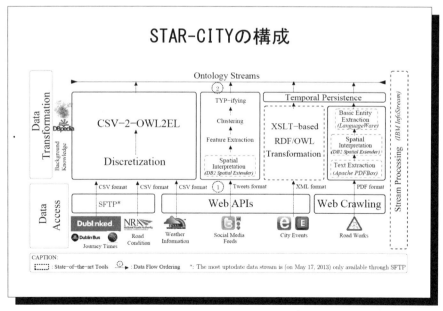

スライド **5.19** STAR-CITY[87)]

切な対応をとることをサポートしている．こうした取組みは，いわば社会インフラ向けのセマンティクス活用エージェントといえるだろう．

5.2.4　イベント情報の統合

EventMedia Live[10]) は，EURECOM（欧州の 7 大学と 9 企業からなるコンソーシアム）が開発した音楽イベントを中心にさまざまなデータをリアルタイムにリンクし，Nokia Map 上にマッピングしたサービスである（**スライド 5.20**）．Last.fm, Eventful, Upcoming, Flickr, DBpedia, MusicBrainz, BBC, Foursquare などから，コンサートや歌手・バンドの情報，写真，ビデオ，CD の情報を収集し，名寄せ（同一インスタンスの統合）や時間表記の統一によって 3 000 万トリプルの Linked Data として構築したものである．オントロジーとしては，W3C 勧告の SKOS（Simple Knowledge Organization

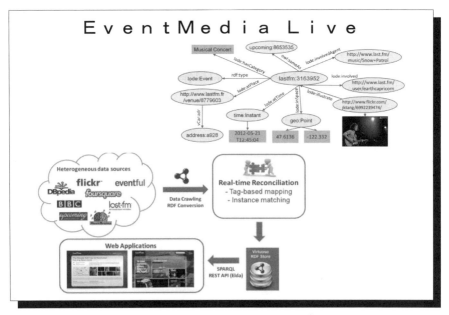

スライド **5.20**　EventMedia Live[10])

System，シソーラスや分類表など図書館で扱われてきたような知識体系をWeb上で利用するためのデータモデル）を用いている。セマンティックWebに関する世界最大の国際会議ISWC2012（International Semantic Web Conference 2012）で行われたセマンティックWebチャレンジ（セマンティックWeb技術の実用化に関するコンテスト）で優勝したことで知られている。これにより，ユーザはいまいる場所で行われるイベントに関するさまざまな情報を簡単に収集することができる。

5.2.5 メディア情報の統合

テレビ局でもメディアを横断した情報の統合が進められている。

英国BBCでは，スポーツ，教育，音楽，ニュースに関して独自のオントロジーを定義し（スライド5.21），自社のニュース記事に人，組織，場所，日時，テーマ，イベントといったメタデータを付与することで，サッカーワールドカッ

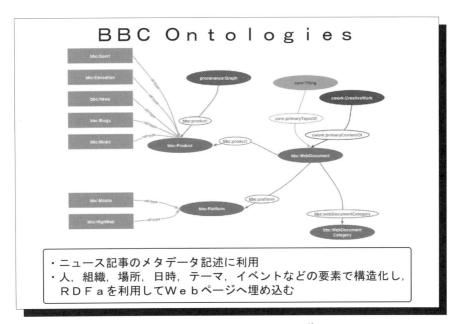

スライド5.21　BBC Ontologies[4)]

プやロンドンオリンピックに関するサイトにおいて，選手やチーム，試合などの情報を構造化している[4]。また，米国 The New York Times でも，人，組織，場所，識別子にカテゴリ分けされた約 1 万件のヘッドラインを LOD で公開し[14]，DBpedia や Freebase などの外部データセットとのリンクを付与している。これによって，テレビ局内でのデータ統合が容易になるだけなく，ユーザの横断的な情報探索を助け，必要な情報を一度に集めることをサポートしている。

5.2.6　モバイルセンサ活用

花咲かめらは，センサデータに基づく植物推薦用スマートフォンアプリである[78]。近年，食や環境意識の高まりから野菜作りやインテリアグリーンに注目が集まっている。しかし，都市の限られた環境で緑を育てるのは容易ではない。そのため，枯らしてしまったり，逆に不用意に繁茂させてしまうケースもある。

さらに，インテリアやエクステリアとしては周辺との調和が重要だが，成長時の姿を想像するのは園芸初心者には難しい。そこで，このアプリではスマートフォンを用いて植栽環境をセンシングし（スライド 5.22），日照や温度，気温などといったデータに基づいて植物 LOD を検索することで，その環境に合う植物を AR（Augmented Reality）で実空間に重量表示する（スライド 5.23）。植物オープンデータとは，DBpedia Japanese などとも連携したリソース 10 000 超，プロパティ 300 超からなる LOD である（スライド 5.24）。これにより，植物や園芸に関する特別な知識がない人でも，環境に適した植物を選ぶことが可能になる。また，推薦した植物の成長した姿を AR で見ることができるため，実際に置いた場合に周辺の景観とマッチするかどうかを視覚的に確認することができる。

5.2 セマンティックWebエージェントの事例　171

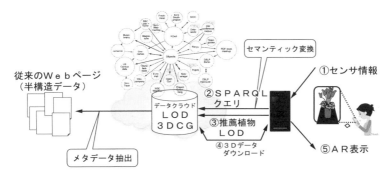

スライド 5.22　花咲かめらの構成

花咲かめらの画面例

1．植物を植えたい場所を見つける

2．マーカーを置く

3．アプリをかざす

4．環境条件に合った植物の提案

5．気に入らなければ3つまで表示

スライド 5.23　花咲かめらの画面例

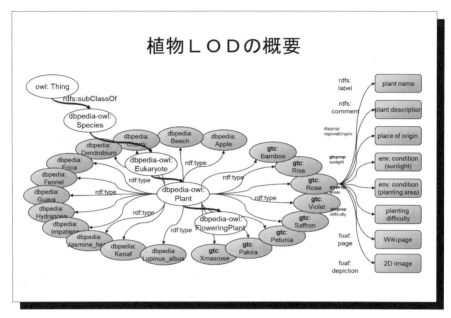

スライド 5.24　植物 LOD の概要

5.2.7　モバイル検索システム

花之声は，音声を用いた園芸・農作業向け情報検索・記録用スマートフォンアプリである[79]（スライド 5.25，スライド 5.26）。スマートフォンを用いたモバイルでの Web 検索の場合，検索結果として返される SERP（Search Engine Result Page，答えが書いてあるかもしれない Web ページの URL リスト）の中から所望の情報を探し出すのに苦労するという問題がある。それに対して，LOD を知識源として活用すれば，大規模なグラフ上のデータの中から必要な情報をピンポイントで返すことができるため有用である。そこで，このアプリでは LOD の検索にフォーカスし，特に SPARQL を用いずに一般ユーザが容易に LOD から情報を探し出せるようにするため，自然文からなるユーザの質問を自動的にトリプルに変換し，対象 LOD セットとノード–リンク間をマッチングする手法を提案している。同時に，ユーザの発話文を簡単にトリプルとして登録できる機能も提供している。また，作業時はまわりに人がおらず，手が

5.2 セマンティック Web エージェントの事例　　173

スライド 5.25　花之声の画面例

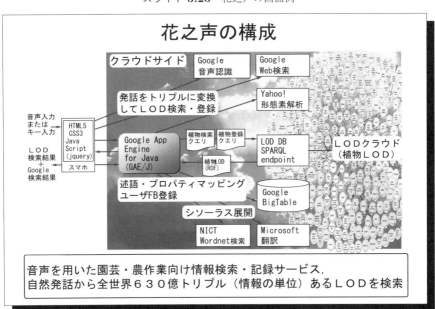

スライド 5.26　花之声の構成

汚れていることも多いので音声操作も可能としている。これにより，ユーザはオープンデータを知識源として容易にピンポイント情報検索を行えるようになるだけでなく，ユーザ参加型で情報を登録し，コミュニティによって知識を増やしていくことが可能になる。

5.2.8 セマンティック Web サービス

セマンティック Web サービスとは，サービス記述にメタデータを付与し，サービスの検索，合成（複数サービスを組み合わせて新しいサービスとすること）を目指した XML Web サービスの拡張である[16]。

現在，主流となっている REST (Representational State Transfer) と JSON (JavaScript Object Notation) を用いた Web サービスは仕様や実装が簡単なために広く普及しているが，サービス間の要求および応答メッセージに一貫性がなく，エラー処理スキームも明確に定義されていないなど，企業間取引きでの活用においては信頼性に欠ける面がある。そこで，インターネット上でソフトウェアどうしが相互運用するための標準的な手段として，SOAP（略語ではない）と呼ばれる XML 形式のプロトコルを用いてメッセージの送受信を行う XML Web サービスが W3C によって標準化されている[26]。いわば機械可読な Web 上のプログラム部品である XML Web サービスに，機械可読なメタデータを付与したものがセマンティック Web サービスである。Web オントロジー言語 OWL を Web サービスに特化させた OWL-S と呼ばれる言語を用いて，おもに以下の 3 種類の情報を定義する（スライド 5.27）。

- Service Profile：サービスがなにをするものかを表す。サービス名や説明，適用制限やサービスの質，公開元やアクセス情報など。
- Process Model：クライアントのアクセス方法を表す。入出力の定義，サービス呼出しにあたっての条件など。
- Service Grounding：通信プロトコルやメッセージフォーマットなど。

これらによって計算機がサービス仕様を曖昧性なく解釈できるようになり，達成すべきゴールに応じて適切なサービスを動的に発見し，その出力を自動的

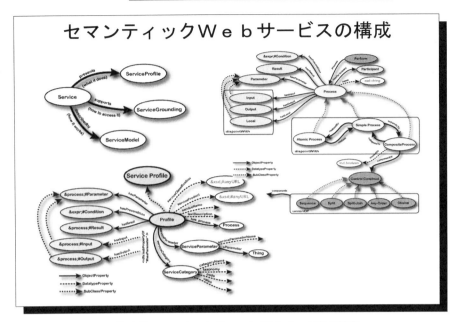

スライド **5.27** セマンティック Web サービスの構成

につぎのサービスに入力するなどして，必要な結果を得られるようにすることを目指している。

6章 自律Webアプリケーション

◆本章のテーマ

近年，Web上の急速に変化する膨大な情報を有効活用するために，自律ソフトウェア技術の応用が進んできている．本章では，そのような自律ソフトウェア技術を応用したWebアプリケーションを紹介する．

◆本章の構成（キーワード）

6.1 情報抽出・予測
　　自然災害予測，イベント抽出，動画内シーン抽出，評判分析，トレンド分析・予測
6.2 情報推薦
　　商品推薦，震災時避難行動推薦，Webサイト推薦，レシピ推薦

◆本章を学ぶと以下の内容をマスターできます

☞　自律Webアプリケーション
☞　情報抽出・予測
☞　情報推薦

6.1 自律Webアプリケーションとは

　Web，つまり World Wide Web（WWW）は，ネットワークにおいて情報の効率的な閲覧を目指し，ハイパーテキスト，すなわちテキスト内にほかのテキストや情報へのリンクが埋め込まれ，マウスクリックなどの操作により，リンク先が参照可能な構造を実装している．Webはインターネットの拡大に伴い急速に普及し，またツイッターなどのソーシャルメディアの発展により，Web上の情報量が膨大になり，かつ急速に増加している．そのため，ユーザが手動でリンクをたどるだけではほしい情報にたどり着くことが困難になっている．

　そこで，ユーザの要求に沿った情報取得をエージェントが代行し，Webという環境とのインタラクションにより目的を達成するような自律アプリケーションが注目されている．そこで本章では，そのようなアプリケーションを**自律Webアプリケーション**と呼び，その代表的なものを紹介する（**スライド6.1**）．

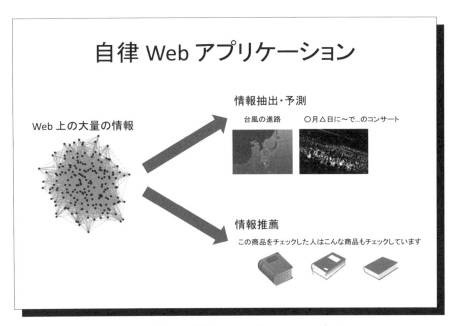

スライド6.1　自律Webアプリケーションとは

6.2 情報抽出・予測

Web 上の膨大な情報から，ユーザにとって有益な情報を抽出したり，未来に関する Web 上，あるいは実世界の情報を予測してユーザに提示する，さまざまなアプリケーションが開発されている．本節では，そのような例として**スライド 6.2** に示した事例について紹介する．なお，特に示したもの以外は，ツイッターなどのソーシャルメディアからの抽出，予測を行う．

〔1〕 **自然災害に関する情報の特定**　Sakaki ら[113]は，地震発生時や台風通過時のツイッターへの投稿から，震源地や台風の進路を特定する手法を提案している（**スライド 6.3**）．本手法はつぎの手順から構成される．

1. ツイートの意味解析

    まず対象となる災害（地震や台風など）に関連するキーワードを含むツイートを検索する．つぎに，真にその災害に関係があるのかないのかを

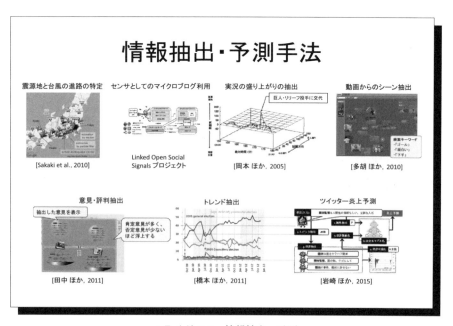

スライド **6.2**　情報抽出・予測

6.2 情報抽出・予測   179

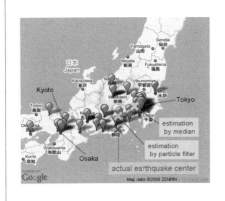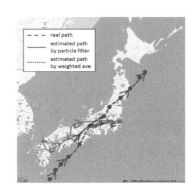

スライド **6.3** 自然災害情報の特定・予測[113]

識別するモデルをサポートベクターマシンにより学習する。

2. **確率モデルの構築**

手順1で得られた災害に関係があるツイートを，その災害に関するセンサデータと見なし，特定したい情報（震源地や台風の進路）と，時間や位置情報が付与されたツイートに対する確率モデルを構築する。確率モデルとしては，時系列データ向けのベイズモデルとしてよく用いられる，**カルマンフィルタ**と**パーティクルフィルタ**の2種類のものを使用し，比較実験を行っている。

〔2〕 **センサとしてのマイクロブログ利用**　米国ライト州立大のセマンティック Web 関連の研究機関である Kno.e.sis のプロジェクトの1つ，**Linked Open Social Signals**†（スライド **6.4**）は，ツイッターなどのマイクロブログからの情報発信を，センサデータのようなソーシャルシグナルと見立てて LOD

---

†　http://wiki.knoesis.org/index.php/Linked_Open_Social_Signals（2016年12月現在）

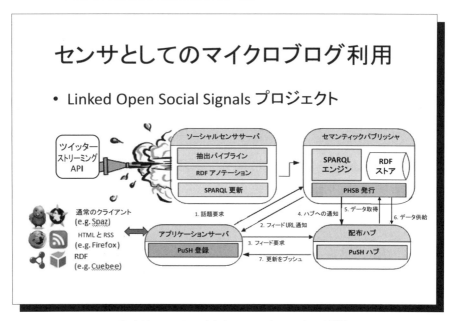

スライド 6.4　センサとしてのマイクロブログ利用

として扱うことにより，有益な情報の抽出を可能とすることを目的としている。具体的にはつぎのような機能を実現する。

- 投稿内容の抽出
- FOAF† などの共有語彙を用いた投稿内容の RDF 形式への変換
- SPARQL による問合せ
- 特定の問合せに適合する投稿のストリームの継続購読
- ストリーミングデータのスケーラブルでリアルタイムな配信

〔3〕イベント抽出　ソーシャルメディアには，大規模なコンサートの開催のような大きなものから，親戚に子供が生まれたといった小さなものまで，さまざまなイベントに関して投稿が行われる。その中からユーザにとって有益なイベント情報を抽出することは，ソーシャルメディアの活用において重要である。例えば Atefeh と Khreich[35] は 2012 年までに提案された 16 件の手法を

---

† http://www.foaf-project.org/ （2016 年 12 月現在）

岡本ら[145]は，テレビ番組に対しリアルタイムに感想が投稿される実況掲示板から，特に実況が盛り上がった時点を特定することにより，その原因となる番組内のイベントを発見する手がかりを提供する手法を提案している（**スライド6.5**）．本手法では，各投稿を前処理した後，あらかじめ設定した雰囲気や話題に関係する単語の出現頻度から投稿の特徴ベクトルを計算し，その時系列変化の大きさにより盛り上がりを特定する．本手法をプロ野球の試合中継番組に適用した実験において，投手交代やホームランといったイベントを特定できたことが報告されている．

〔4〕 **動画からのシーン抽出** ソーシャルメディアの1つとして，ユーザが自由に動画を投稿，公開できるサービスにおいて，別のユーザが動画内の任意の時点でコメントを付け，視聴者はコメントを動画視聴と同時に参照可能としたものが普及している．一方で動画投稿サービスにおいては，膨大な数の動

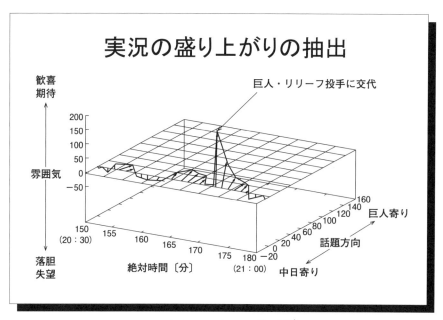

スライド 6.5 イベント抽出[145]

画が公開されるため,視聴者が自分好みの動画をすばやく検索したり,長い動画で見たいシーンを中心に視聴することが困難となっている。

多胡ら[120),146)]は,コメント付与が可能な動画投稿サービスの代表的なものであるニコニコ動画[†1]において,コメントをソーシャルアノテーション,すなわちネットワーク上のコンテンツに対する不特定多数のユーザのタグ付けと見なし,コメントに基づいて動画内の見たいシーンを検索したり,それらをつなぎ合わせることによって動画を要約する手法を提案している(スライド 6.6)。本手法では,シーンの属性を表すキーワード群と,コメント量と再生時間に基づいて正規化したスコアを用いることで,これらの機能を実現している。

〔5〕 評判分析　ソーシャルメディアには,製品やニュースに対するユーザの意見や評判が多数投稿される。特に amazon.com[†2]や価格.com[†3]のように,

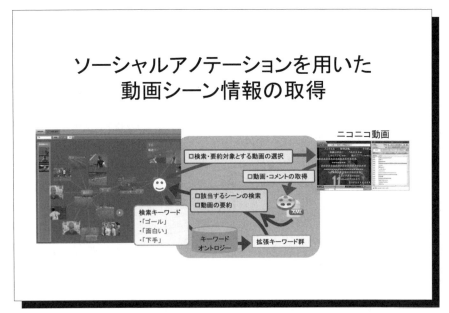

スライド 6.6　動画シーン抽出[146)]

[†1] http://www.nicovideo.jp/ (2016 年 12 月現在)
[†2] http://www.amazon.com/ (2016 年 12 月現在)
[†3] http://kakaku.com/ (2016 年 12 月現在)

対象物ごとにレビューが投稿できる Web サイトには，新製品が出るたびに盛んに書き込みが行われている．しかし，それらの中から各ユーザが自分にとって有用なものを選んで読むことは容易ではない．

田中ら[139]は，これらのレビューサイトから意見を抽出する手法を提案するとともに，本手法を用いた評判比較システムを開発している（スライド 6.7）．本手法は教師あり学習を用いることにより，類似研究とは異なり大規模な辞書をあらかじめ用意する必要がないため，コストを大幅に抑えることが可能である．また手法を用いて開発した評判分析システムでは，シーソーを模したインタフェースやタグクラウドによって評判を可視化し，ユーザの対象物の比較を支援している．

〔6〕 トレンド抽出　ソーシャルメディアには各時点での最新の投稿が時々刻々と公開される．したがって，政治や商品など特定の話題に関する投稿を時系列的に追いかけることにより，その話題に対する社会の見方の流れが把握で

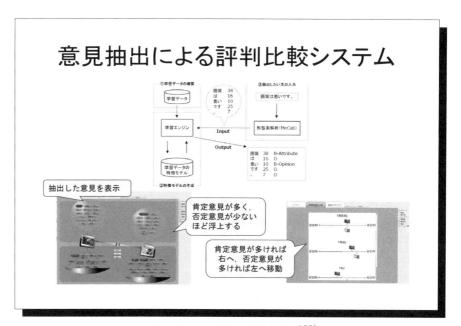

スライド 6.7　意見や評判の抽出[139]

きるものと考えられる。従来はそのような流れの把握のために，世論調査やアンケートなどが行われてきたが，そのような高コストな手段を用いなくても可能となれば，高い有用性が期待できる。

橋本ら[153]は，ソーシャルメディアへの投稿に感情分析を適用し，その結果の時系列的な変化を分析することにより，特定の話題に関する評判傾向の時間的変化を特定する手法を提案している（**スライド 6.8**）。本研究ではさらに，重回帰分析により得られる回帰式から評判傾向の変化点を抽出した後に，変化点におけるトピックをチャンキングにより抽出することで，変化の原因に触れていると考えられる投稿を特定する手法も提案している。

〔7〕 **炎上の予測**　ソーシャルメディアの特徴の1つに，不特定多数に向けてメッセージを投稿できる点がある。これにより芸能界などの有名人は自身の宣伝を行うことができ，一般人でも自分の言葉を広範囲の人々に届けられるという利便性がもたらされる。しかしその一方で，多くの人が不快に思うよう

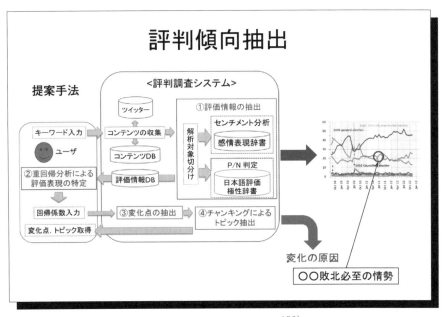

スライド 6.8　トレンド抽出[153]

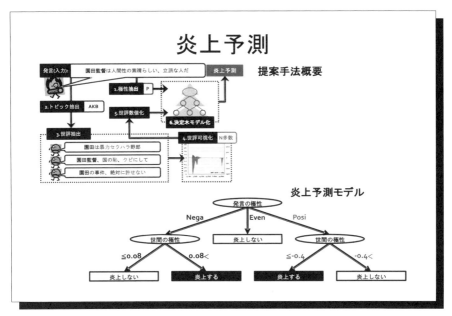

スライド 6.9 炎上予測[151]

なメッセージを思わず投稿したために，多数の批判的な返信投稿を受けることになり，その結果ソーシャルメディアの利用に支障をきたしたり，自らの評判を貶めるといった不利益を被るという，いわゆる **炎上** の危険性がある[137]。

炎上の原因の1つとして，あるトピックについて世間一般の多数意見とは反対の意見を強く主張する，**価値観の押し付け** と呼ばれるものがある[144]。岩崎ら[151]は，ツイッター投稿と分析対象とする投稿のそれぞれにおける当該トピックの評価をP/N判定により算出し，その結果から決定木を用いて学習したモデルにより，炎上の有無を予測する手法を提案している（**スライド 6.9**）。

6.3　情　報　推　薦

自律Webアプリケーションでは，ユーザが主体的に情報を取得しようとするとき以外でも，アプリケーションのほうから自発的にユーザが望むと思われ

る情報を提示することが可能である．そこで，ユーザのWebアクセス履歴や，入力した個人情報をもとに，ユーザが好むと思われる製品やWeb上の情報を提示するアプリケーションが，ネットショッピングサービスを中心に活用されている．本節ではそのような例として，スライド6.10に示した情報やコンテンツを推薦するアプリケーションを紹介する．

〔1〕 **ネット販売商品推薦** 最も早くから実用化され，現在も幅広く利用されている情報推薦の1つに，ネットショッピングサービスにおける商品の推薦があり，特にamazon.comのもの[90]（スライド6.11）がよく知られている．

大規模なネットショッピングサービスでは，多数のユーザの閲覧履歴情報や購買履歴情報が利用可能なため，商品推薦には協調フィルタリングが利用されることが多い．amazon.comは，アイテム間のコサイン類似度に基づくメモリベース協調フィルタリングを利用している．なお類似度計算には多大な時間がかかるため，多くのユーザが購入した商品，すなわち売れ筋商品については，

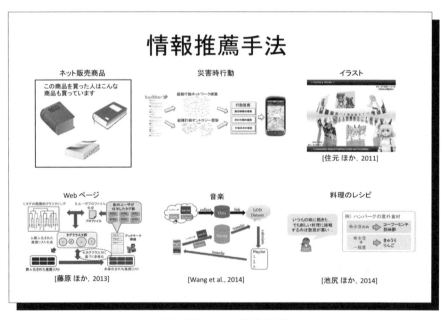

スライド6.10 情報推薦

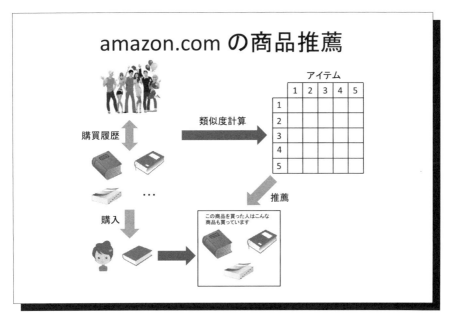

スライド 6.11　ネット販売商品推薦

購買者全体からサンプリングによる絞り込みを行うなど，計算コストの削減を図っている．

〔2〕 **災害時行動推薦**　東日本大震災発生時に帰宅困難となった人々は，避難に関する情報（個人の避難行動や避難所の状況など）を交換するためにツイッターのようなミニブログを活用した．しかし一般のユーザが災害で余裕のない中，自分の状況に合った適切な避難情報をミニブログから探し出すのは容易ではない．

Nguyen ら[103],[104],[133] は，東日本大震災発生後のツイッターへの投稿を分析し，首都圏において適切にとられた避難行動をネットワーク形式で表現して，ユーザの状況に応じて適切な行動を検索・推薦可能な手法を提案している（**スライド 6.12**）．本手法の特徴はつぎの通りである．

- 条件付き確率場を用いて避難行動を自動抽出する．
- 避難行動において，条件付き確率場により得られた避難行動に関する属

188   6. 自律 Web アプリケーション

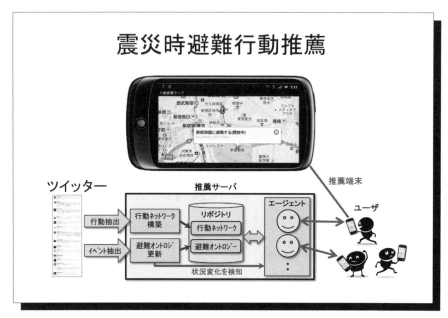

スライド 6.12　災害時行動推薦

性情報を利用し，RDF 形式の避難行動ネットワークを構築する。
- 避難行動に関する属性や概念間の関係を明示的に定義した避難計画オントロジーを用意している。

これらの特徴により，SPARQL による避難行動の検索が可能となっている。

〔3〕 イラスト推薦　　ソーシャルメディアの中には，前述の動画投稿サービスなど，ユーザが作成したマルチメディアコンテンツを自由に投稿・公開可能なものが多数あり，これらは **CGM**（Consumer Generated Media）と呼ばれる。CGM の 1 つとしてイラストがあり，Pixiv[†] などのイラスト投稿サービスが多数存在する。また一般的に大規模な CGM サービスにおいては，多数のコンテンツが公開されるが，テキストによる説明などが不十分なために，コンテンツユーザは興味があるコンテンツを見つけるのが困難なことが多い。

　住元ら[138]) は，Pixiv のイラストの中からユーザにとって興味があるものを特

[†] http://www.pixiv.net/（2016 年 12 月現在）

定して推薦する手法を提案している（スライド **6.13**）。本手法の特徴は，ユーザが閲覧したことがないもの，および推薦されると意外だと感じるようなものといったように，それぞれの観点での推薦を行う点である。本手法では，Pixivのユーザがイラストに付与したタグ，すなわちそのユーザがイラストの特徴を表していると考えて付与したフレーズを利用している。

〔4〕 **Web サイト推薦**　興味がある Web サイトを見つけるために，現在 Google などのキーワード検索がおもな手段となっている。しかしキーワードそのものを含んでいないが興味を持てる Web サイトがあったり，適切なキーワードを思いつかなかったりする場合があるため，キーワード検索には限界がある。

そこで，キーワード検索によらず，ユーザにとって興味がある Web サイトを推薦する手法が多数提案されている。例えば藤原ら[142]は，ユーザが Web サイトをタグ付きで登録するという **folksonomy** 機能を提供するソーシャルブックマークサービスを利用し，意外性のある Web サイトを推薦する手法を提案し

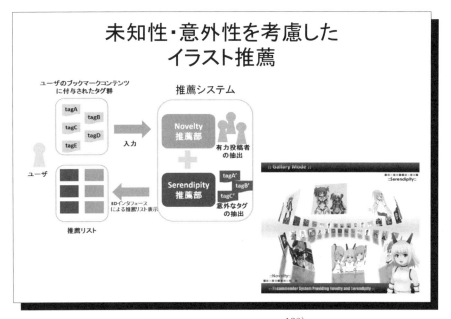

スライド **6.13**　イラスト推薦[138]

ている(**スライド 6.14**)。本手法は,タグのクラスタリングにより,まずユーザの興味に近いタグを持つ Web サイトのリストを作成する。そのうえで,再度タグクラスタを用いて Web サイトのリストを多様化することにより,意外性を持つ推薦を実現している。

〔**5**〕 **音 楽 推 薦**　音楽配信はインターネット利用サービスの中でもよく利用されるものの 1 つである。膨大な数の楽曲の中から,ユーザが聴きたいと思うものを見つけられるかどうかは,サービスの利便性において重要である。そこで,楽曲を推薦する手法が多数提案されている。音楽の特徴の 1 つとして,同じユーザでもその時々の状況や気分によって聴きたい楽曲が変わることが挙げられる。そのため,音楽推薦においては状況に依存した推薦手法が多く提案されている。

Wang ら[124]は,楽曲の歌詞に含まれる単語,ツイッター投稿中のキーワード,および状況として場所や時間に関連した情報から構成された Linked Data

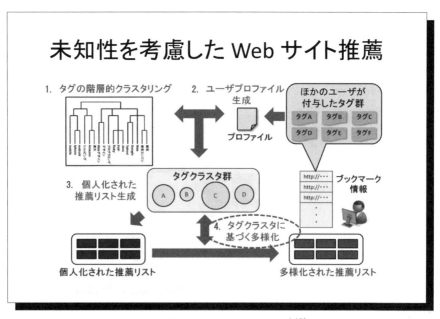

スライド 6.14　Web サイト推薦[142]

を利用した音楽推薦手法を提案している（スライド 6.15）。本手法は，状況に関連した情報からリンクをたどって得られた単語，すなわち前者から**連想**される単語を含む歌詞の楽曲を推薦することが特徴である。

〔6〕 **料理のレシピ推薦**　ソーシャルメディアの1つとして，ユーザが自由に料理のレシピを投稿，公開できるサービスである，クックパッド[†1]や楽天レシピ[†2]などが普及している。これらのサービスでは，特定のカテゴリやキーワード検索において人気順に並べるなど，ユーザが有益なレシピを見つけることを支援する機能を提供している。しかしそのような機能は，一般にありふれたレシピを提示することが多く，利用しているうちに飽きられてしまう恐れがある。

一方で投稿型レシピサービスには，一般的なレシピのほかに普通では使用しな

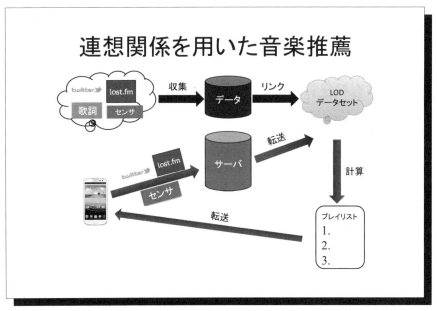

スライド 6.15　音楽推薦[124)]

[†1] http://cookpad.com/（2016 年 12 月現在）
[†2] http://recipe.rakuten.co.jp/（2016 年 12 月現在）

い食材を用いたレシピや普通とは少し異なる調理工程のレシピのような，意外性のあるレシピが数多く存在している．池尻ら[134]は，そのような意外なレシピを推薦するために，TF-IDFの考えを応用した **RF-IIF**（Recipe Frequency-Inverse Ingredient Frequency）という指標により，意外性に関してレシピをランキングする手法を提案している（スライド **6.16**）．

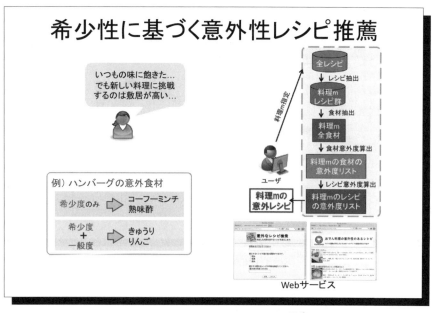

スライド **6.16** 料理のレシピ推薦[134]

引用・参考文献

1) Eclipse Modeling Framework（EMF）：
https://eclipse.org/modeling/emf/（2016 年 12 月現在）
2) Object Management Group（OMG）：
http://www.omg.org/（2016 年 12 月現在）
3) IEEE Standard Glossary of Software Engineering Terminology, IEEE Std 610.12-1990 (1990)
4) BBC Ontologies：http://www.bbc.co.uk/ontologies（2016 年 12 月現在）
5) datahub - The easy way to get, use and share data：
https://datahub.io/（2016 年 12 月現在）
6) DBpedia：http://wiki.dbpedia.org/（2016 年 12 月現在）
7) DBpedia Japanese：http://ja.dbpedia.org/（2016 年 12 月現在）
8) Dublin CoreR Metadata Initiative（DCMI）：
http://dublincore.org/（2016 年 12 月現在）
9) Dublinked：http://dublinked.ie（2016 年 12 月現在）
10) EventMedia live：http://www.eurecom.fr/fr/publication/3865（2016 年 12 月現在）
11) IBM Watson（ワトソン）：
https://www.ibm.com/smarterplanet/jp/ja/ibmwatson（2016 年 12 月現在）
12) J-GLOBAL knowledge：https://stirdf.jglobal.jst.go.jp/（2016 年 12 月現在）
13) JSON-LD 1.0, A JSON-based Serialization for Linked Data - W3C Recommendation 16 January 2014：
http://www.w3.org/TR/json-ld/（2016 年 12 月現在）
14) New York Times - Linked Open Data：
https://data.nytimes.com（2016 年 12 月現在）
15) OWL 2 Web Ontology Language Primer（Second Edition）- W3C Recommendation 11 December 2012：
http://www.w3.org/TR/2012/REC-owl2-primer-20121211（2016 年 12 月現在）
16) OWL-S: Semantic Markup for Web Services - W3C Member Submission

22 November 2004：
http://www.w3.org/Submission/2004/SUBM-OWL-S-20041122（2016年12月現在）

17）RDF 1.1 Concepts and Abstract Syntax - W3C Recommendation 25 February 2014：
http://www.w3.org/TR/2014/REC-rdf11-concepts-20140225（2016年12月現在）

18）RDF 1.1 N-Triples - A line-based syntax for an RDF graph：
https://www.w3.org/TR/n-triples（2016年12月現在）

19）RDF 1.1 Primer - W3C Working Group Note 24 June 2014：
https://www.w3.org/TR/2014/NOTE-rdf11-primer-20140624（2016年12月現在）

20）RDF 1.1 Turtle, Terse RDF Triple Language - W3C Recommendation 25 February 2014：
https://www.w3.org/TR/turtle（2016年12月現在）

21）RDF 1.1 XML Syntax - W3C Recommendation 25 February 2014：
https://www.w3.org/TR/rdf-syntax-grammar（2016年12月現在）

22）RDF Schema 1.1 - W3C Recommendation 25 February 2014：
https://www.w3.org/TR/rdf-schema（2016年12月現在）

23）RDFa 1.1 Primer - Third Edition, Rich Structured Data Markup for Web Documents - W3C Working Group Note 17 March 2015：
https://www.w3.org/TR/rdfa-primer（2016年12月現在）

24）Schema.org：http://schema.org/（2016年12月現在）

25）SKOS Simple Knowledge Organization System：
https://www.w3.org/2004/02/skos（2016年12月現在）

26）SOAP Version 1.2 Part 0: Primer (Second Edition) - W3C Recommendation 27 April 2007：
https://www.w3.org/TR/2007/REC-soap12-part0-20070427（2016年12月現在）

27）SPARQL 1.1 Overview - W3C Recommendation 21 March 2013：
https://www.w3.org/TR/sparql11-overview（2016年12月現在）

28）Sparql Endpoints Status：http://sparqles.okfn.org（2016年12月現在）

29）Tempo AI：https://www.tempo.ai（2016年12月現在）

30）World Wide Web Consortium（W3C）：

https://www.w3c.org（2016 年 12 月現在）
31) 国立国会図書館：http://www.ndl.go.jp/（2016 年 12 月現在）
32) 日本語 Wikipedia オントロジー：
http://www.wikipediaontology.org（2016 年 12 月現在）
33) Akbari, O. Z.: A survey of agent-oriented software engineering paradigm: Towards its industrial acceptance, Journal of Computer Engineering Research, **1**, 2, pp. 14–28 (2010)
34) Asadollahi, R., Salehie, M. and Tahvildari, L.: StarMX: A framework for developing self-managing Java-based systems, 2009 ICSE Workshop on Software Engineering for Adaptive and Self-Managing Systems (SEAMS '09), pp. 58–67 (2009)
35) Atefeh, F. and Khreich, W.: A survey of techniques for event detection in Twitter, Computational Intelligence, **31**, 1, pp. 133–164 (2015)
36) Baader, F., Calvanese, D., McGuinness, D. L., Nardi, D. and Patel-Schneider, P. F.: The Description Logic Handbook: Theory, Implementation, and Applications, second edition, Cambridge University Press (2007)
37) Bauer, B., Müller, J. P. and Odell, J.: Agent UML: a formalism for specifying multiagent software systems, International Journal of Software Engineering and Knowledge Engineering, **11**, 03, pp. 207–230 (2001)
38) Bellifemine, F. L., Caire, G. and Greenwood, D.: Developing Multi-Agent Systems with JADE（Wiley Series in Agent Technology）, John Wiley & Sons (2007)
39) Bellifemine, F., Poggi, A. and Rimassa, G.: JADE: a FIPA2000 compliant agent development environment, Proceedings of AGENTS '01, pp. 216–217 (2001)
40) Berners-Lee, T.: Linked Data：
https://www.w3.org/DesignIssues/LinkedData.html（2016 年 12 月現在）
41) Bourque, P. and Fairley, R. E. eds.: Guide to the Software Engineering Body of Knowledge（SWEBOK®）: Version 3.0, IEEE Computer Society Press (2014)
42) Bradshaw, J. ed.: Software Agents, AAAI Press/The MIT Press (1997)
43) Bratman, M.: Intention, plans, and practical reason, Harvard University Press (1987)

44) Bresciani, P., Perini, A., Giorgini, P., Giunchiglia, F. and Mylopoulos, J.: Tropos: An Agent-Oriented Software Development Methodology, Autonomous Agents and Multi-Agent Systems, **8**, 3, pp. 203–236 (2004)
45) Brooks, R.: A robust layered control system for a mobile robot, IEEE Journal of Robotics and Automation, **2**, 1, pp. 14–23 (1986)
46) Buschmann, F., Meunier, R., Rohnert, H., Sommerlad, P. and Stal, M.: Pattern-Oriented Software Architecture – A System of Patterns, John Wiley & Sons (1996)
47) Calinescu, R., Ghezzi, C., Kwiatkowska, M. and Mirandola, R.: Self-adaptive software needs quantitative verification at runtime, Communications of the ACM, **55**, 9, pp. 69–77 (2012)
48) Cheng, B. H. C., Sawyer, P., Bencomo, N. and Whittle, J.: A Goal-Based Modeling Approach to Develop Requirements of an Adaptive System with Environmental Uncertainty, Proceedings of the 12th ACM/IEEE International Conference on Model Driven Engineering Languages and Systems (MoDELS '09), pp. 468–483, Springer (2009)
49) Cohen, P. R. and Levesque, H. J.: Speech acts and rationality, Proceedings of ACL '85, pp. 49–60 (1985)
50) Cohen, P. R. and Levesque, H. J.: Intention is choice with commitment, Artificial intelligence, **42**, 2, pp. 213–261 (1990)
51) Crowston, K. and Malone, T. W.: Computational agents to support cooperative work, Working Paper #2008-88, Sloan School of Management, MIT (1988)
52) Dardenne, A., Lamsweerde, A. v. and Fickas, S.: Goal-Directed Requirements Acquisition, Science of Computer Programming, **20**, 1-2, pp. 3–50 (1993)
53) Darimont, R.: Process Support for Requirements Elaboration, PhD thesis, Universite Catholique de Louvain (1995)
54) Darimont, R. and Lamsweerde, A. v.: Formal Refinement Patterns for Goal-Driven Requirements Elaboration, Proceedings of the 4th ACM SIGSOFT Symposium on Foundations of Software Engineering (SIGSOFT/FSE'96), pp. 179–190 (1996)
55) DARPA, : Broad Agency Announcement on Self-adaptive Software (BAA-98-12) (1997)

56) DeLoach, S. A., Wood, M. F. and Sparkman, C. H.: Multiagent Systems Engineering, The International Journal of Software Engineering and Knowledge Engineering, **11**, 3, pp. 231–258 (2001)

57) Dobson, S., Denazis, S., Fernández, A., Gaïti, D., Gelenbe, E., Massacci, F., Nixon, P., Saffre, F., Schmidt, N. and Zambonelli, F.: A survey of autonomic communications, ACM Transactions on Autonomous and Adaptive Systems (TAAS), **1**, 2, pp. 223–259 (2006)

58) Domel, P.: Mobile Telescript agents and the web, Proceedings of Compcon '96, pp. 52–57 (1996)

59) Edwards, G., Malek, S. and Medvidovic, N.: Scenario-driven Dynamic Analysis of Distributed Architectures, Proceedings of the 10th International Conference on Fundamental Approaches to Software Engineering (FASE'07), pp. 125–139, Springer (2007)

60) Erol, K., Hendler, J. and Nau, D. S.: HTN planning: Complexity and expressivity, in AAAI '94, **94**, pp. 1123–1128 (1994)

61) Esfahani, N., Elkhodary, A. and Malek, S.: A Learning-Based Framework for Engineering Feature-Oriented Self-Adaptive Software Systems, IEEE Transactions on Software Engineering, **39**, 11, pp. 1467–1493 (2013)

62) Fikes, R. E. and Nilsson, N. J.: Strips: A new approach to the application of theorem proving to problem solving, Artificial Intelligence, **2**, 3–4, pp. 189–208 (1971)

63) Filieri, A., Ghezzi, C. and Tamburrelli, G.: Run-time Efficient Probabilistic Model Checking, Proceedings of the 33rd International Conference on Software Engineering (ICSE2011), pp. 341–350, ACM (2011)

64) Finin, T., Labrou, Y. and Mayfield, J.: KQML as an Agent Communication Language, in Bradshaw, J. ed., Software agents, chapter 14, pp. 291–316 (1997)

65) FIPA, : FIPA ACL Message Structure Specification：http://www.fipa.org/specs/fipa00061/index.html (2016 年 12 月現在)

66) FIPA, : FIPA Agent Management Specification：http://www.fipa.org/specs/fipa00023/index.html (2016 年 12 月現在)

67) Franklin, S. and Graesser, A.: Is It an Agent, of Just a Program?: A Taxonomy for Autonomous Agents, in Müller, J. P., Wooldridge, M. J. and

Jennings, N. eds., Intelligent Agent III, LNCS 1193, pp. 21–36, Springer (1996)

68) Gamma, E., Johnson, R., Helm, R., Vlissides, J. 著, 本位田真一, 吉田和樹 訳：オブジェクト指向における再利用のためのデザインパターン, ソフトバンククリエイティブ (1999)

69) Garlan, D., Cheng, S.-W., Huang, A.-C., Schmerl, B. and Steenkiste, P.: Rainbow: architecture-based self-adaptation with reusable infrastructure, Computer, **37**, 10, pp. 46–54 (2004)

70) Gat, E., Bonnasso, R. P., Murphy, R. and Press, A.: On three-layer architectures, in Artificial Intelligence and Mobile Robots, pp. 195–210, AAAI Press (1998)

71) Group, O. M.: Unified Modeling Language（UML）：http://www.uml.org/（2016 年 12 月現在）

72) Hirsch, D., Kramer, J., Magee, J. and Uchitel, S.: Modes for Software Architectures, EWSA, pp. 113–126, LNCS (2006)

73) Huebscher, M. C. and McCann, J. A.: A survey of autonomic computing—degrees, models, and applications, ACM Computing Surveys (CSUR), **40**, 3, pp. 1–28 (2008)

74) IBM, An architectural blueprint for autonomic computing：http://www-03.ibm.com/autonomic/pdfs/AC%20Blueprint%20White%20Paper%20V7.pdf（2016 年 12 月現在）

75) Huget, M. P. and Odell, J.: Representing Agent Interaction Protocols with Agent UML, Proceedings of AOSE '04, pp. 16–30 (2004)

76) Juan, T., Pearce, A. and Sterling, L.: ROADMAP: extending the gaia methodology for complex open systems, Proceedings of the first International Joint Conference on Autonomous Agents and Multiagent Systems (AAMAS '02), pp. 3–10, ACM (2002)

77) Kang, K. C., Cohen, S. G., Hess, J. A., Novak, W. E. and Peterson, A. S.: Feature-Oriented Domain Analysis (FODA) Feasibility Study, Technical report, Carnegie-Mellon University Software Engineering Institute (1990)

78) Kawamura, T. and Ohsuga, A.: Applying Linked Open Data to Green Design, IEEE Intelligent Systems, **30**, 1, pp. 28–35 (2015)

79) Kawamura, T. and Ohsuga, A.: Question-Answering for Agricultural

Open Data, Transactions on Large-Scale Data- and Knowledge-Centered Systems XVI, **8960**, pp. 15–28 (2015)

80) Kay, A.: Computer Software, Scientific American, **251**, 3, pp. 53–59 (1984)

81) Kramer, J. and Magee, J.: Self-Managed Systems: an Architectural Challenge, Future of Software Engineering (FOSE '07), pp. 259–268 (2007)

82) Kruchten, P.: The 4+1 View Model of architecture, IEEE Software, **12**, 6, pp. 42–50 (1995)

83) Kuan, P. P., Karunasekera, S. and Sterling, L.: Improving goal and role oriented analysis for agent based systems (ASWEC '05), pp. 40–47, IEEE Computer Society (2005)

84) 粂野文洋, 田原康之, 大須賀昭彦, 本位田真一：フィールド指向言語 Flage, 第1回ソフトウェア工学の基礎ワークショップ（FOSE'94), pp. 25–32 (1994)

85) Lamsweerde, A. v.: Requirements Engineering — From System Goals to UML Models to Software Specifications, Wiley (2009)

86) Lamsweerde, A. v., Letier, E. and Darimont, R.: Managing Conflicts in Goal-Driven Requirements Engineering, IEEE Transactions on Software Engineering, **24**, 11, pp. 908–926 (1998)

87) Lecue, F., Tallevi-Diotallevi, S., Hayes, J., Tucker, R., Bicer, V., Sbodio, M. and Tommasi, P.: Smart traffic analytics in the semantic web with STAR-CITY: Scenarios, system and lessons learned in Dublin City, Web Semantics: Science, Services and Agents on the World Wide Web, **27-28**, pp. 26–33 (2014)

88) Lemos, R. d., Giese, H., Müller, H. A., Shaw, M., et al.: Software Engineering for Self-Adaptive Systems: A Second Research Roadmap (Draft Version of May 20, 2011), Dagstuhl Seminar 10431 (2011)

89) Letier, E.: Reasoning about Agents in Goal-Oriented Requirements Engineering, PhD thesis, Universite Catholique de Louvain (2001)

90) Linden, G., Smith, B. and York, J.: Amazon.com recommendations: Item-to-item collaborative filtering, Internet Computing, IEEE, **7**, 1, pp. 76–80 (2003)

91) Maes, P.: Agents that reduce work and information overload, CACM, **37**, 7, pp. 30–40 (1994)

92) Magee, J., Dulay, N., Eisenbach, S. and Kramer, J.: Specifying Distributed Software Architectures, Proceedings of the 5th European Software Engineering Conference (ESEC '95), pp. 137–153, Springer (1995)

93) Malek, S., Mikic-Rakic, M. and Medvidovic, N.: A Style-Aware Architectural Middleware for Resource-Constrained, Distributed Systems, IEEE Transactions on Software Engineering, **31**, 3, pp. 256–272 (2005)

94) Morandini, M., Penserini, L. and Perini, A.: Towards goal-oriented development of self-adaptive systems, Proceedings of the International Workshop on Software Engineering for Adaptive and Self-managing Systems (SEAMS'08), pp. 9–16 (2008)

95) Mouratidis, H. and Giorgini, P.: Secure tropos: a security-oriented extension of the tropos methodology, International Journal of Software Engineering and Knowledge Engineering, **17**, 2, pp. 285–309 (2007)

96) Mylopoulos, J., Chung, L. and Nixon, B.: Representing and Using Nonfunctional Requirements: A Process-Oriented Approach, IEEE Transactions on Software Engineering, **18**, 6, pp. 483–497 (1992)

97) Mylopoulos, J., Chung, L. and Yu, E.: From Object-oriented to Goal-oriented Requirements Analysis, Communications of the ACM, **42**, 1, pp. 31–37 (1999)

98) Nakagawa, H., Ogawa, K. and Tsuchiya, T.: Caching Strategies for Runtime Probabilistic Model Checking, Proceedings of the 11th International Workshop on Models@run.time (MRT'16) (2016)

99) Nakagawa, H., Ohsuga, A. and Honiden, S.: gocc: A Configuration Compiler for Self-adaptive Systems Using Goal-oriented Requirements Description, Proceedings of the 6th International Symposium on Software Engineering for Adaptive and Self-Managing Systems (SEAMS '11), pp. 40–49, ACM (2011)

100) Nakagawa, H., Ohsuga, A. and Honiden, S.: Towards Dynamic Evolution of Self-Adaptive Systems Based on Dynamic Updating of Control Loops, Proceedings of IEEE 6th International Conference on Self-Adaptive and Self-Organizing Systems (SASO'12), pp. 59–68, IEEE (2012)

101) Nakagawa, H., Ohsuga, A. and Honiden, S.: A Goal Model Elaboration for Localizing Changes in Software Evolution, Proceedings of 21st IEEE International Requirements Engineering Conference (RE'13), pp. 155–

164, IEEE CS (2013)

102) Nakagawa, H., Yoshioka, N., Ohsuga, A. and Honiden, S.: IMPULSE: a design framework for multi-agent systems based on model transformation, Proceedings of the 2011 ACM Symposium on Applied Computing (SAC '11), pp. 1411–1418, ACM (2011)

103) Nguyen, T., Kawamura, T., Tahara, Y. and Ohsuga, A.: Building a Time Series Action Network for Earthquake Disaster, Proceedings of ICAART '12, pp. 100–108 (2012)

104) Nguyen, T., Kawamura, T., Tahara, Y. and Ohsuga, A.: Self-Supervised Capturing of Users' Activities from Weblogs, International Journal of Intelligent Information and Database Systems, **6**, 1, pp. 61–76 (2012)

105) O'Brien, P. D. and Nicol, R. C.: FIPA – Towards a Standard for Software Agents, BT Technology Journal, **16**, 3, pp. 51–59 (1998)

106) Ohsuga, A., Nagai, Y., Irie, Y., Hattori, M. and Honiden, S.: Plangent: An Approach to Making Mobile Agents Intelligent, IEEE Internet Computing, **1**, 4, pp. 50–57 (1997)

107) Oreizy, P., Gorlick, M. M., Taylor, R. N., Heimbigner, D., Johnson, G., Medvidovic, N., Quilici, A., Rosenblum, D. S. and Wolf, A. L.: An Architecture-Based Approach to Self-Adaptive Software, IEEE Intelligent Systems, **14**, 3, pp. 54–62 (1999)

108) Oreizy, P., Medvidovic, N. and Taylor, R. N.: Architecture-based runtime software evolution, Proceedings of the 20th International Conference on Software Engineering (ICSE '98), pp. 177–186, IEEE Computer Society (1998)

109) Padgham, L. and Winikoff, M.: Developing Intelligent Agent Systems: A Practical Guide, John Wiley & Sons (2004)

110) Rao, A. S. and Georgeff, M. P.: Modeling rational agents within a BDI-architecture, Proceedings of KR '91, pp. 473–484 (1991)

111) Rao, A. S. and Georgeff, M. P.: BDI agents: From theory to practice., Proceedings of ICMAS '95, pp. 312–319 (1995)

112) Sacerdoti, E. D.: Planning in a hierarchy of abstraction spaces, Artificial intelligence, **5**, 2, pp. 115–135 (1974)

113) Sakaki, T., Okazaki, M. and Matsuo, Y.: Earthquake shakes Twitter users: real-time event detection by social sensors, Proceedings of WWW

'10, pp. 851–860, ACM (2010)
114) J.L. Austin: How to Do Thing with Words, Harvard University Press (1962)
115) Searle, J. R.: Speech acts: An essay in the philosophy of language, Cambridge University Press (1969)
116) Silva Souza, V. E., Lapouchnian, A., Robinson, W. N. and Mylopoulos, J.: Awareness requirements for adaptive systems, Proceedings of the 6th International Symposium on Software Engineering for Adaptive and Self-Managing Systems (SEAMS'11), pp. 60–69, ACM (2011)
117) Souza, V. E. S., Lapouchnian, A. and Mylopoulos, J.: System Identification for Adaptive Software Systems: A Requirements Engineering Perspective, Proceedings of the 30th International Conference on Conceptual Modeling (ER'11), pp. 346–361, Springer (2011)
118) Souza, V. E., Lapouchnian, A., Angelopoulos, K. and Mylopoulos, J.: Requirements-driven Software Evolution, Comput. Sci., **28**, 4, pp. 311–329 (2013)
119) Susi, A., Perini, A., Mylopoulos, J. and Giorgini, P.: The Tropos Metamodel and its Use, Informatica, **29**, pp. 401–408 (2005)
120) Tahara, Y., Tago, A., Nakagawa, H. and Ohsuga, A.: NicoScene: Video Scene Search by Keywords Based on Social Annotation, Proceedings of AMT '10, No. 6335 in Lecture Notes in Computer Science, pp. 461–474, Springer (2010)
121) Taylor, R., Medvidovic, N., Anderson, K., Whitehead, E. J., Robbins, J., Nies, K., Oreizy, P. and Dubrow, D.: A component- and message-based architectural style for GUI software, IEEE Transactions on Software Engineering, **22**, 6, pp. 390–406 (1996)
122) Telecom Italia: JADE: Java Agent Development Framework：http://jade.tilab.com/（2016 年 12 月現在）
123) The Standish Group : The Standish Group Report Chaos, Technical report, The Standish Group (1995)
124) Wang, M., Kawamura, T., Sei, Y., Nakagawa, H., Tahara, Y. and Ohsuga, A.: Music Recommender Adapting Implicit Context Using 'renso' Relation among Linked Data, Journal of Information Processing, **22**, 2, pp. 279–288 (2014)

125) Weyns, D., Iftikhar, M. U. and Söderlund, J.: Do External Feedback Loops Improve the Design of Self-adaptive Systems? A Controlled Experiment, Proceedings of the 8th International Symposium on Software Engineering for Adaptive and Self-Managing Systems (SEAMS'13), pp. 3–12, IEEE Press (2013)

126) Weyns, D., Schmerl, B. R., Grassi, V., Malek, S., Mirandola, R., Prehofer, C., Wuttke, J., Andersson, J., Giese, H. and Göschka, K. M.: On Patterns for Decentralized Control in Self-Adaptive Systems, Software Engineering for Self-Adaptive Systems II, LNCS, **7475**, pp. 76–107, Springer (2013)

127) Whittle, J., Sawyer, P., Bencomo, N., Cheng, B. H. and Bruel, J.-M.: RELAX: Incorporating Uncertainty into the Specification of Self-Adaptive Systems, Proceedings of the 17th IEEE International Conference on Requirements Engineering (RE '09), pp. 79–88, IEEE CS (2009)

128) Wooldridge, M.: An Introduction to Multiagent Systems (2nd Ed.), John Wiley & Sons (2009)

129) Wooldridge, M. and Ciancarini, P.: Agent-oriented Software Engineering: The State of the Art, First International Workshop on Agent-oriented Software Engineering (AOSE '00), pp. 1–28, Springer (2001)

130) Yu, E. S. K.: Towards Modelling and Reasoning Support for Early-Phase Requirements Engineering, Proceedings of the 3rd IEEE International Symposium on Requirements Engineering (RE'97), pp. 226–235 (1997)

131) Zambonelli, F., Jennings, N. R. and Wooldridge, M.: Developing multi-agent systems: The Gaia methodology, ACM Transactions on Software Engineering and Methodology, **12**, 3, pp. 317–370 (2003)

132) Zave, P. and Jackson, M.: Four dark corners of requirements engineering, ACM Transactions on Software Engineering and Methodology (TOSEM), **6**, 1, pp. 1–30 (1997)

133) グェンミンティ, 川村隆浩, 大須賀昭彦：Twitter からの呟かれなかった行動の推測手法の提案 ― 災害時の帰宅行動に関する事例検討 ―, 電子情報通信学会論文誌, **J96-D**, 12, pp. 2970–2978 (2013)

134) 池尻恭介, 清 雄一, 中川博之, 田原康之, 大須賀昭彦：希少性と一般性に基づいた意外性のある食材の抽出, コンピュータソフトウェア, **31**, 3, pp. 70–78 (2014)

135) 長 健太, 入江 豊, 大須賀昭彦, 関口勝彦, 本位田真一：組込み機器向け知的移動エージェント μPlangent を用いた電力系統巡視システム, 電子情報通信学会論文誌, **J85-D-I**, 5, pp. 465–475 (2002)
136) 田中 譲 監修, 磯部祥尚, 櫻庭健年, 田口研治, 田原康之, 粂野文洋 著：ソフトウェア科学基礎, トップエスイ―基礎講座, 近代科学社 (2008)
137) 佐伯 胖 監修, CIEC 編：学びとコンピュータハンドブック, ブログ炎上, pp. 68–72, 東京電機大学出版局 (2008)
138) 住元宗一朗, 中川博之, 田原康之, 大須賀昭彦：コンテンツ投稿型 SNS における未知性と意外性を考慮した推薦エージェントの提案（エージェント応用, <特集>ソフトウェアエージェントとその応用論文), 電子情報通信学会論文誌, 情報・システム, **94-D**, 11, pp. 1800–1811 (2011)
139) 田中俊行, グェンミンティ, 中川博之, 田原康之, 大須賀昭彦：評判分析システムのための教師あり学習を用いた意見抽出, 電子情報通信学会論文誌, 情報・システム, **94-D**, 11, pp. 1751–1761 (2011)
140) 吉岡信和, 田原康之, 本位田真一：モバイルエージェントによる柔軟なコンテンツ流通を実現するアクティブコンテンツ, 情報処理学会論文誌データベース, **44**, SIG18（TOD20), pp. 45–57 (2004)
141) 本位田真一, 飯島 正, 大須賀昭彦：エージェント技術―オブジェクト指向トラック, ソフトウェアテクノロジーシリーズ 3, 共立出版 (1999)
142) 藤原 誠, 中川博之, 田原康之, 大須賀昭彦：タグクラスタ多様化による未知性を考慮した推薦手法の提案, 電子情報通信学会論文誌, 情報・システム, **96-D**, 3, pp. 531–542 (2013)
143) Stuart Russel, Peter Norvig 著, 古川康一 監訳：エージェントアプローチ人工知能, 第 2 版, 共立出版 (2008)
144) 小林直樹：ソーシャルメディア炎上事件簿, 日経デジタルマーケティング (2011)
145) 岡本直之, 竹之内隆夫, 川村隆浩, 大須賀昭彦, 前川 守：放送番組に対してパブリックオピニオンメタデータを生成する視聴支援エージェントの開発：ネットコミュニティからの雰囲気成分の抽出とユーザ間での流通による洗練化（インタラクション／インタフェース応用, <特集>ソフトウェアエージェントとその応用論文), 電子情報通信学会論文誌, 情報・システム, I―情報処理, **88-D-I**, 9, pp. 1477–1486 (2005)
146) 多胡厚津史, 中川博之, 田原康之, 大須賀昭彦：ニコニコ探検くらぶ：ソーシャルアノテーションとキーワード群に基づく動画要約, インタラクション 2010

予稿集, pp. 47–50 (2010)
147) 東京大学教養学部統計学教室 編：統計学入門（基礎統計学），東京大学出版会 (1991)
148) 東京大学教養学部統計学教室 編：自然科学の統計学（基礎統計学），東京大学出版会 (1992)
149) 財団法人日本情報処理開発協会，人間主体の知的情報技術に関する調査研究 V 3.2 エージェントの研究動向：
http://www.jipdec.or.jp/archives/icot/FTS/REPORTS/H13-reports/H1403-AITEC-Report3/AITEC0203R3-html/AITEC0203R4-ch3-2.htm（2016 年 12 月現在）
150) 中川博之, 大須賀昭彦, 本位田真一：ビヘイビア記述に基づく自己適応システム実装フレームワークの提案, 人工知能学会論文誌, **26**, 1, pp. 1–12 (2011)
151) 岩崎祐貴, 折原良平, 清　雄一, 中川博之, 田原康之, 大須賀昭彦：CGM における炎上の分析とその応用, 人工知能学会論文誌, **30**, 1, pp. 152–160 (2015)
152) 川村隆浩, 田原康之, 長谷川哲夫, 大須賀昭彦, 本位田真一：Bee-gent：移動型仲介エージェントによる既存システムの柔軟な活用を目的としたマルチエージェントフレームワーク, 電子情報通信学会論文誌, 情報・システム, I—情報処理, **82-D-I**, 9, pp. 1165–1180 (1999)
153) 橋本和幸, 中川博之, 田原康之, 大須賀昭彦：センチメント分析とトピック抽出によるマイクロブログからの評判傾向抽出（エージェント応用, <特集>ソフトウェアエージェントとその応用論文）, 電子情報通信学会論文誌, 情報・システム, **94-D**, 11, pp. 1762–1772 (2011)
154) 玉田和洋, 中川博之, 中山　健, 田原康之, 大須賀昭彦：モデル検査による Ajax アプリケーション検証のためのモデルの提案, ソフトウェア工学の基礎 XVI, pp. 333–334 (2009)

索　引

【あ】

アクタ　65
アプリケーション
　ロジック　106
蟻コロニー最適化　52
安全性　76

【い】

一階述語論理　23
一貫性　81
遺伝アルゴリズム　50
意味論　23
インタフェース　76
インタラクション　91

【え】

エージェント　2, 69
エージェント間インタ
　ラクション　7
エージェント指向開発
　方法論　10
エージェント指向ソフト
　ウェア工学　91
エージェントモデル　68
エフェクタ　115

【お】

オートノミックコン
　ピューティング　104
オブジェクト　32
オブジェクト指向開発
　方法論　32
オブジェクトモデル　68
オープンデータ　159
オントロジー　140
オンライン学習　130

【か】

階層プランニング　29
外部アプローチ　107, 132
係り受け解析　56
拡張 Darwin モデル　117
確率論　37
可用性　76
環境アクタ　72
監視　109
完全性　76, 81

【き】

機械学習　37
記号論理学　23
記述的表現　70
記述論理　23
期待　68, 73
機能ゴール　75
規範の表現　69
機密性　76
強化学習　47
協調フィルタリング　53
強適応　106

【く】

クラス　32
クラスタ性　60
クラスタリング　42

【け】

計画　109
形式検証　35
形式手法　35
形式仕様記述　35
継続的なソフトウェア
　進化　100
形態素解析　55
決定　96

決定木　39
言語行為論　7
原子命題　23

【こ】

効果　27
貢献リンク　70, 87
勾配法　49
効用　128
コネクタ　119
ゴール　26, 69
ゴールカテゴリ　75
ゴール管理層　110
ゴール指向要求分析　65
ゴールタイプ　73
ゴールモデル　67
コントローラ　109
コンフィギュレーション　111
コンポーネント
　110, 117, 119
コンポーネント管理層　111
コンポーネントモデル　117

【さ】

最小性　81
最適化手法　48
サブサンプション
　アーキテクチャ　115
サポートベクターマシン　40

【し】

自己管理　104
自己構成　104
自己最適化　104
自己修復　104
自己適応システム　96, 102
自己適応性　102
自己適応ソフトウェア　102
自己認識　105

自己防御	104
自然言語処理	55
事前条件	27
時相論理	23
実　行	96, 109
弱適応	106
収　集	96
充足可能性	78
受益者	85
手段目的リンク	86
条件付き確率場	46
状　態	26
状態爆発	122
初期状態	26
自律エージェント	2
自律性	2
自律ソフトウェア	2
自律 Web アプリケーション	177
信頼性	76

【す】

推論規則	23
数理計画法	48
数理論理学	23
スケールフリー性	60
スコープ	78
ステークホルダ	64
スモールワールド性	60

【せ】

制御変数	120
制御ループ	96
性　能	76
責務モデル	68
セキュリティ	76
セマンティック Web	140
セマンティック Web サービス	174
線形計画法	49
線形プランニング	27
センサ	115
洗練化リンク	70

洗練パターン	81

【そ】

操作モデル	68
測定基準	128
組　織	92
ソフトウェアアーキテクチャ	33
ソフトウェア開発方法論	10
ソフトウェア工学	30
ソフトウェア進化	80, 96
ソフトゴール	75

【た】

タスク分解リンク	86

【ち】

知　識	110

【つ】

追跡可能性	80

【て】

提供者	85
ディープニューラルネットワーク	42
ディープラーニング	42
定理証明	24
適　応	96
適応エンジン	107
適応ロジック	106
テスティング	122

【と】

統計学	37
動的検証	122
閉じた適応	108
トピック分析	58
トリプル	144
トレーサビリティ	80

【な】

内部アプローチ	106

ナイーブベイズ	43
内容ベースフィルタリング	54

【に】

日本語 Wikipedia オントロジー	162
ニューラルネットワーク	40
認識要求	120

【は】

パフォーマティブ	7

【ひ】

非機能ゴール	75, 88
非線形プランニング	27
開いた適応	108

【ふ】

ファシリテータエージェント	8
フィーチャ	124, 126
フィードバック制御ループ	114
複合命題	24
不確かさ	121
ブラックボックスアプローチ	106
プラン	26, 112
ブランクノード	146
プランニング	26, 113
振舞いゴール	73
フレームワーク	124
プロアクティブな適応	108
プロパティ	144
分解リンク	70
分　析	96, 109
文脈認識	105

【へ】

ベイジアンネットワーク	43
ページランク	61
変更管理層	111

【ほ】
ホワイトボックス
　アプローチ　106

【ま】
マルコフネットワーク　45
マルコフ論理
　ネットワーク　45
満足化ゴール　88
満足度　128

【め】
命　題　23
命題論理　23
命題論理演算子　24
メタデータ　140
メトリクス　128

【も】
目的ベースエージェント　109
モデル検査　24, 122

【や】
焼きなまし法　51

【よ】
要　求　64, 73
　──の監視　119
　──の完全性　79
要求獲得　64
要求管理　64
要求記述　64
要求検証　64
要求工学　64

【り】
リアクティブな適応　108
リアクティブ
　プランニング　27
利害関係者　64
離散時間マルコフ連鎖
　モデル　123
リソース　144

【ろ】
ロール　91
論証ゴール　88
論理式　23

【わ】
ワトソン　165

【A】
ABLE　116
Achieve ゴール　73
ACO　52
Act　96
adaptation　96
adaptation engine　107
Adapter パターン　116
agent　69
Agent Building
　and Learning
　Environment　116
agent model　68
Agent UML　12
Agent-Oriented
　Software Engineering　91
Analyze　96, 109
AND-洗練化リンク　71
AOSE　91
argumentation goals　88
Autonomic Computing　104

availability　76
Avoid ゴール　74
AwarenessRequirement　120
AwReq　120

【B】
BDI アーキテクチャ　5
BDI エージェント　94
Bee-gent　18
behavioral goals　73
black-box approach　106

【C】
Cease ゴール　74
change management
　layer　111
Chaos レポート　64
C.I.A.　76
Collect　96
completeness　81
component control
　layer　111

confidentiality　76
configuration　111
consistency　81
context-awareness　105
continuous software
　evolution　100
contribution links　70
Control loop　96
Control loop パターン　98
control variable　120
CRF　46
C2　119

【D】
DBpedia　161
Decide　96
decomposition link　70
dependee　85
depender　85
discrete time Markov
　chain model　123
Dublin Core　149

索引

【E】

Eclipse Modeling Framework	133
EMF	133
environmental actors	72
Execute	109
expectation	68
external approach	107

【F】

feature	126
feedback control loop	114
FIPA	12
FIPA ACL	12, 14
Flage	16
functional goals	75
FUSION	106, 124

【G】

GA	50
Gaia	91
goal	69
goal management layer	110
goal model	67
goal-oriented requirements analysis	65
GoF のデザインパターン	116
Guard-introduction 洗練パターン	82

【H】

HITS	61

【I】

i*	85, 93
integrity	76
interaction	91
internal approach	106
IRI	145

【J】

JADE	19, 116
Java Management eXtension	116
JMX	116
JSON-LD	152
J-GLOBAL knowledge	162

【K】

KAOS	65
Knowledge	110
KQML	7

【L】

LDA	58
Lined Open Data	159
Linked Data	159
Linked Open Social Signals	179

【M】

Maintain ゴール	74
MAPE ループ	104, 109
MAPE loop	109
MAPE-K ループ	110
MaSE	94
Meta-Object-Facility	133
metrics	128
Milestone-driven 洗練パターン	82
minimality	81
MLN	45
model checking	122
MOF	133
Monitor	109

【N】

NFR フレームワーク	88
NFR goals	88
NonFunctional Requirements goals	88
non-functional goals	75
N-Triples	151

【O】

object model	68
operation model	68
organization	92
OR-洗練化リンク	72
OWL	156

【P】

Plan	109
Plangent	17
P/N 判定	58
Prometheus	94
Proxy パターン	116

【R】

Rainbow	108
RDF	142
RDF スキーマ	148
RDFa	154
RDF/XML	155
refinement links	70
refinement pattern	81
RELAX	121
requirements	64
requirements engineering	64
responsibility model	68
role	91

【S】

SA	51
satisficing goals	88
schema.org	149
SD モデル	85
SecureTropos	94
self-adaptiveness	102
self-adaptive software	102
self-adaptive systems	102
self-awareness	105
self-configuration	104
self-healing	104
self-management	104
self-optimization	104

self-protection	104	SWEBOK	30	**【W】**	
self-* システム	105	system to be	72		
self-* systems	105			weak adaptation	106
software evolution	80	**【T】**		Web	177
soft goals	75	Telescript	15	white-box approach	106
SPARQL	157	testing	122	World Wide Web	177
SR モデル	85	TF-IDF	57	WWW	177
StarMX	116	traceability	80	W3C	141
STAR-CITY	166	Tropos	93		
Strategic Dependency モデル	85	Turtle	151	**【Z】**	
Strategic Rationale		**【U】**		Zanshin	108, 131
モデル	85	UML	32, 33	Zanshin フレームワーク	116, 121
Strategy パターン	116	utility	128		
strong adaptation	106			**【数字】**	
subsumption architecture	115	**【V】** variation point	120	3層アーキテクチャ	110
SVM	40	VP	120	3層アーキテクチャ モデル	131

―― 著者略歴 ――

大須賀昭彦（おおすが　あきひこ）
1981年　上智大学理工学部数学科卒業
1981年　東京芝浦電気株式会社勤務
1985年　新世代コンピュータ技術開発機構
〜89年　出向
1995年　工学博士（早稲田大学）
2007年　電気通信大学教授
　　　　現在に至る

田原　康之（たはら　やすゆき）
1989年　東京大学理学部数学科卒業
1991年　東京大学大学院理学系研究科修士課程
　　　　修了（数学専攻）
1991年　株式会社東芝勤務
2003年　国立情報学研究所勤務
2004年　博士（情報科学）（早稲田大学）
2008年　電気通信大学准教授
　　　　現在に至る

中川　博之（なかがわ　ひろゆき）
1997年　大阪大学基礎工学部情報工学科卒業
1997年　鹿島建設株式会社勤務
2007年　東京大学大学院情報理工学研究科修士
　　　　課程修了（創造情報学専攻）
2008年　東京大学大学院情報理工学研究科博士
　　　　課程中退（創造情報学専攻）
2008年　電気通信大学大学院情報システム学研
　　　　究科助教
2013年　博士（工学）（早稲田大学）
2014年　大阪大学大学院情報科学研究科准教授
　　　　現在に至る

川村　隆浩（かわむら　たかひろ）
1992年　早稲田大学理工学部電気工学科卒業
1994年　早稲田大学大学院理工学研究科修士課
　　　　程修了（電気工学専攻）
1994年　株式会社東芝勤務
2001年　博士（工学）（早稲田大学）
2001年　米国カーネギーメロン大学客員研究員
〜02年
2003年　電気通信大学大学院客員准教授
2007年　大阪大学大学院非常勤講師
2015年　国立研究開発法人科学技術振興機構情
　　　　報分析室主任調査員
　　　　現在に至る

マルチエージェントによる自律ソフトウェア設計・開発
Intelligent Software Design and Development Based on Multi-Agent Technology
ⓒ Osuga, Tahara, Nakagawa, Kawamura 2017

2017年7月21日 初版第1刷発行

検印省略	著 者	大 須 賀 昭 彦
		田 原 康 之
		中 川 博 之
		川 村 隆 浩
	発行者	株式会社 コロナ社
		代表者 牛来真也
	印刷所	三美印刷株式会社
	製本所	有限会社 愛千製本所

112−0011 東京都文京区千石4−46−10
発行所 株式会社 コロナ社
CORONA PUBLISHING CO., LTD.
Tokyo Japan
振替00140−8−14844・電話(03)3941−3131(代)
ホームページ http://www.coronasha.co.jp

ISBN 978−4−339−02818−8　C3355　Printed in Japan　　　　（新井）

JCOPY <出版者著作権管理機構 委託出版物>
本書の無断複製は著作権法上での例外を除き禁じられています。複製される場合は、そのつど事前に、出版者著作権管理機構（電話 03-3513-6969、FAX 03-3513-6979、e-mail: info@jcopy.or.jp）の許諾を得てください。

本書のコピー、スキャン、デジタル化等の無断複製・転載は著作権法上での例外を除き禁じられています。購入者以外の第三者による本書の電子データ化及び電子書籍化は、いかなる場合も認めていません。
落丁・乱丁はお取替えいたします。